浙江师范大学环境科学实验教学中心资助

水污染控制实验教程

主　编　王方园
副主编　叶群峰　林红军

WUHAN UNIVERSITY PRESS
武汉大学出版社

图书在版编目(CIP)数据

水污染控制实验教程/王方园主编.—武汉:武汉大学出版社,2015.3
(2023.7 重印)
ISBN 978-7-307-14137-7

Ⅰ.水…　Ⅱ.王…　Ⅲ.水污染—污染控制—实验—教材
Ⅳ.X520.6-33

中国版本图书馆 CIP 数据核字(2014)第 193911 号

责任编辑:谢文涛　　　责任校对:汪欣怡　　　版式设计:马　佳

出版发行:**武汉大学出版社**　　(430072　武昌　珞珈山)
　　　　　(电子邮箱:cbs22@whu.edu.cn 网址:www.wdp.com.cn)
印刷:武汉邮科印务有限公司
开本:787×1092　1/16　印张:7.75　字数:181 千字　插页:1
版次:2015 年 3 月第 1 版　　2023 年 7 月第 2 次印刷
ISBN 978-7-307-14137-7　　定价:24.00 元

前　言

水污染控制实验是环境类专业的一门实践性专业选修课，是专业教学的重要环节之一。其主要任务是：通过实验使学生初步掌握相关水污染控制与处理技术的基本实验与实践方法和操作技能，巩固和加深学生对所学理论知识的理解与掌握，培养学生独立思考、分析问题和解决问题的能力，并树立实事求是的科学态度和严肃认真的工作作风。

本书内容主要涉及环境样品中水、大气、土壤等类型，涵盖了环境监测的各种方法，样品分析既有化学法，又有现代仪器分析方法。实验类型按模块进行设计，分为基础验证性实验、综合实验和研究设计型实验，分阶段对学生进行各种技能与动手能力的训练。通过对本课程学习与掌握，使学生对环境监测的过程，如现场监测与调查、监测计划设计、优化布点、样品采集、运送保存、分析测试、数据处理、综合评价等有全方位的了解和掌握，并具备独立从事环境监测工作的基本能力。其中基础实验为验证性实验，侧重于基础实验技能的训练；综合实验是建立在验证性实验的基础上，设计了水和大气监测的综合实验，让学生全面掌握区域环境监测的全过程；研究探设计型实验的一部分内容是科研成果转化为学生的实验项目，一部分是目前国内外正在发生或亟待解决的环境问题，让学生接触环境监测领域的研究前沿与正在发生的环境问题，提高学生的研究动手能力，为学生今后研究工作以及科学研究奠定基础。

本书内容实用性强，内容的选取既符合环境专业教学大纲要求，又与国家环境保护标准分析方法相适应，既有环境监测经典项目也有创新性和研究设计型综合项目，可操作性强，以培养学生的动手能力，满足高等院校实验教学的要求。其中选择了环境监测基础及典型实验项目，还增加了综合型、创新型与研究设计型研究内容，力求体现实验科学的知识性、先进性、实用性以及全面应用技能。本书的附录部分还提供了相关环境标准与监测技术规范等内容，更有利于学生对环境监测的规范化全过程的掌握与运用。

实验的基本要求是：掌握实验的基本原理和操作方法；能独立进行实验的全过程；实验过程中，实事求是，严肃认真，观察细致，操作正确，爱护仪器设备；初步掌握水处理与其测试技术以及试验数据的分析处理技术，能独立完成实验报告及相关实验中的思考。

本实验教程由浙江师范大学地理与环境科学学院多年从事教学、科研及实验指导的教师王方园主编，由叶群峰、林红军负责编写、绘图等，周小玲负责校对。由于编者水平有限，加之时间仓促，书中错误和不妥之处在所难免，敬请读者批评指正。

编　者

2014 年 1 月

目　录

第一章　水样的采集与保存

从水样取出后，到分析结束之前，应尽量避免水中原有成分发生明显变化。避免外来污染，这是工作中十分重要的一环。如果所取水样没有代表性，或者成分已经发生了变化，后面的工作做得再好，也得不到正确的结果，有问题也不易查出来，因此必须注意水样的采集与保存。

第一节　水样的采集

采水样时一般用采水器采水，采水器分为单层采水器、直立式采水器等。采水器多为无色硬质玻璃或聚乙烯塑料瓶，要测水中含有微量金属离子时以使用塑料瓶为宜；水样含有多量油类或其他有机物时，便使用玻璃瓶为宜。采集水样的瓶子使用前也必须洗干净，必要时用10%的盐酸溶液浸泡，再用自来水和蒸馏水洗净。采样前用所取水样反复冲洗采水瓶2~3次。对于自来水的采集应先放水数分钟，当积留在水管中的杂质及陈旧的水排除后，再取样。工业废水和生活污水由于生产品种的变动，不同时间浓度变化幅度较大。因此，采样前需先进行污染源调查，然后再决定采样方法。（注：在采集水样时还要测量水体水位、流量、流速等一些水文参数，便于计算水体污染负荷是否超过环境容量等一些相关数据）

容器的要求：

选择容器的材质必须注意以下几点：

（1）容器不能引起新的沾污。一般的玻璃在贮存水样时可溶出钠、钙、镁、硅、硼等元素，在测定这些项目时应避免使用玻璃容器，以防止新的污染。

（2）容器器壁不应吸收或吸附某些待测组分。一般的玻璃容器吸附金属，聚乙烯等塑料吸附有机物质、磷酸盐和油类。在选择容器材质时应予以考虑。

（3）容器不应与某些待测组分发生反应。如测氟时，水样不能贮于玻璃瓶中，因为玻璃与氟化物发生反应。

（4）深色玻璃能降低光敏作用。

（5）容器的清洗规则。

（6）根据水样测定项目的要求来确定清洗容器的方法。

用于进行一般化学分析的样品：分析地面水或废水中微量化学组分时，通常要使用彻底清洗过的容器，以减少再次污染的可能性。清洗的一般程序是，先用水和洗涤剂洗，再用铅酸-硫酸洗液，然后用自来水蒸馏水冲洗干净即可，所用的洗涤剂类型和选用的容器材质要随待测组分来确定。测磷酸盐则不能使用含磷洗涤剂；测硫酸盐或铬则不能用铬酸

-硫酸洗液。测重金属的玻璃容器及聚乙烯容器通常用盐酸或硝酸（$c = 1mol/L$）洗净并浸泡 1~2d 然后用蒸馏水或去离子水冲洗。

用于微生物分析的样品：容器及塞子、盖子应经灭菌温度并且在此温度下不释放或产生出任何能抑制生物活性、灭活或促进生物生长的化学物质。玻璃容器：按一般清洗原则洗涤用硝酸浸泡再用蒸馏水冲洗以除去重金属或铬酸盐残留物。在灭菌前可在容器里加入硫代硫酸钠（$Na_2S_2O_3$）以除去余氯对细菌的抑制作用。（以每 125mL 容器加入 0.1mL 的 10%$Na_2S_2O_3$ 计量）

第二节　水样的保存

一、水样保存

各种水质的水样，从采集到分析这段时间里，由于物理、化学、生物的作用会发生不同程度的变化，这些变化使得进行分析时的样品已不再是采样时的样品，为了使这种变化降低到最小的程度，必须在采样时对样品加以保护。

水样的保存方法分别为冷藏法和化学法。冷藏在 2~5℃ 的冰箱里，能够抑制微生物的活动，减缓物理作用和化学作用的速度。水样的运输时间通常以 24h 为最大允许时间，最长贮存时间为清洁水样 72h、轻污染水样 48h、严重污染水样 24h。一般清洁水样保存时间以不超过 72h，轻度污染水样不超过 48h，严重污染水样不超过 12h 为宜。为了保持水质，最好在保存时间内给予适当的处理，常用的处理方法：冷藏（4℃）、控制 pH 值和加化学保存剂（生物抑制剂、氧化剂或还原剂）等。

1. 水样的保存措施

（1）应根据测定指标选择适宜的保存方法，主要有冷藏、加入保存剂等。

（2）冷藏：水样在 4℃ 冷藏保存，贮存于暗处。水样冷藏时的温度应低于采样时水样的温度，水样采集后立即放在冰箱或冰-水浴中，置暗处保存，一般于 2~5℃ 冷藏，冷藏并不适用长期保存，对废水的保存时间则更短。

（3）冷冻（-20℃）。

一般能延长贮存期，但需要掌握熔融和冻结的技术，以使样品在融解时能迅速地、均匀地恢复原始状态。水样结冰时，体积膨胀，一般都选用塑料容器。

（4）将水样充满容器至溢流并密封。

为避免样品在运输途中的振荡，以及空气中的氧气、二氧化碳对容器内样品组分和待测项目的干扰，会对酸碱度、BOD、DO 等产生影响，应使水样充满容器至溢流并密封保存。但对准备冷冻保存的样品不能充满容器，否则水冻冰之后，因体积膨胀致使容器破裂。

（5）加入保护剂（固定剂或保存剂）。

投加一些化学试剂可固定水样中某些待测组分，保护剂应事先加入空瓶中，有些亦可在采样后立即加入水样中。经常使用的保护剂有各种酸、碱及生物抑制剂，加入量因需要而异。所加入的保护剂不能干扰待测成分的测定，如有疑问应先做必要的实验。所加入的保护剂，因其体积影响待测组分的初始浓度，在计算结果时应予以考虑；但如果加入足够浓的保护剂，因加入体积很小而可以忽略其稀释影响。所加入的保护剂有可能改变水中组分的化学或物理性质，因此选用保护剂时一定要考虑到对测定项目的影响。如因酸化会引起胶体组分和悬浮在颗粒物上固态的溶解，如待测项目是溶解态物质，则必须在过滤后酸化保存。对于测定某些项目所加的固定剂必须要做空白试验，如测微量元素时就必须确定固定剂可引入的待测元素的量。（如酸类会引入不可忽视量的砷、铅、汞）

必须注意：某些保护剂是有毒有害的，如氯化汞（$HgCl_2$）、三氯甲烷及酸等，在使用及保管时一定要重视安全防护。

2. 常用样品保存条件与技术

因此每个分析工作者都应结合具体工作验证这些要求是否适用，在制定分析方法标准时也应明确指出样品采集和保存的方法。

此外，如果要采用的分析方法和使用的保护剂及容器材质间有不相容的情况，则常需从同一水体中取数个样品，按几种保存措施分别进行分析以求出最适宜的保护方法和容器。

（1）水样的保存期限主要取决于待测物的浓度、化学组成和物理化学性质。

（2）水样保存没有通用的原则。表1-1提供了常用的保存方法。由于水样的组分、浓度和性质不同，同样的保存条件不能保证适用于所有类型的样品，在采样前应根据样品的性质、组成和环境条件来选择适宜的保存方法和保存剂。表中列出的是有关水样保存技术的要求、样品的保存时间、容器材质的选择以及保存措施的应用都要取决于样品中的组分及样品的性质。

注：水样采集后应尽快测定。水温、pH值、游离余氯等指标应在现场测定，其余项目的测定也应在规定时间内完成。

表 1-1   采样容器和水样的保存方法

项目	采样容器	保存方法	保存时间
浊度[a]	G，P	冷藏	12h
色度[a]	G，P	冷藏	12h
pH 值[a]	G，P	冷藏	12h
电导[a]	G，P	冷藏	12h
碱度[b]	G，P		12h
酸度[b]	G，P		30d
COD	G	每升水加入 0.8mL 浓硫酸冷藏	24h
DO[a]	溶解氧瓶	加入硫酸锰，碱性碘化钾-叠氮化钠溶液，现场固定	24h
BOD$_5$[b]	溶解氧瓶		12h

续表

项目	采样容器	保存方法	保存时间
TOC	G	加硫酸，pH≤2	7d
F[b]	P		14d
Cl[b]	G，P		28d
Br[b]	G，P		14h
I[-b]	G	氢氧化钠，pH=12	14h
SO_4^{2-b}	G，P		28d
PO_4^{3-}	G，P	氢氧化钠，硫酸调pH=7，三氯甲烷0.5%	7d
氨氮[b]	G，P	每升水样加入0.8mL浓硫酸	24h
$NO_2^- - N$[b]	G，P	冷藏	尽快测定
$NO_3^- - N$[b]	G，P	每升水样加入0.8mL浓硫酸	24h
硫化物	G	每100mL水样加入4滴乙酸锌溶液（220g/L）和1mL氢氧化钠溶液（40g/L），暗处放置	7d
氰化物，挥发酚类[b]	G	氢氧化钠，pH≥12，如有游离余氯，加亚砷酸钠除去	24h
B	P		14d
一般金属	P	硝酸，pH≤2	14d
Cr^{6+}	G，P（内壁无磨损）	氢氧化钠（pH=7~9）	尽快测定
As	G，P	硫酸，至pH≤2	7d
Ag	G，P（棕色）	硝酸，至pH≤2	14d
Hg	G，P	硝酸（1+9，含重铬酸钾50g/L），至pH≤2	30d
卤代烃类	G	现场处理后，冷藏	4h
苯并（a）芘[b]	G		尽快测定
油类	G（广口瓶）	加入盐酸，至pH≤2	7d
农药类[b]	G（衬聚四氟乙烯盖）	加入抗坏血酸0.01~0.02g除去残留余氯	24h
除草剂类	G	加入抗坏血酸0.01~0.02g除去残留余氯	24h
邻苯二甲酸酯类	G	加入抗坏血酸0.01~0.02g除去残留余氯	24h
挥发性有机物	G	用盐酸（1+10）调至pH≤2，加入抗坏血酸0.01~0.02g除去残留余氯	12h
甲醛，乙醛，丙烯醛	G	每升水样加入1mL浓硫酸	24h
放射性物质	P		5d

项目	采样容器	保存方法	保存时间
微生物[b]	G（灭菌）	每 125mL 水样加入 0.1mg 硫代硫酸钠除去残留余氯	4h
生物[b]	G，P	当不能现场测定时用甲醛固定	12h

注：a 表示现场测定。

　　b 表示应低温（0~4℃）避光保存。

　　G 为硬质玻璃瓶；P 为聚乙烯瓶（桶）。

第三节　水样的管理与运输

装有水样的容器必须加以妥善的保护和密封，并装在包装箱内固定，以防在运输途中破损，包括材料和运输水样的条件都应严格要求。除了防震、避免日光照射和低温运输外，还要防止新的污染物进入容器和沾污瓶口使水样变质。

1. 样品管理

（1）除用于现场测定的样品外，大部分水样都需要运回实验室进行分析。在水样的运输和实验室管理过程中应保证其性质稳定、完整、不受沾污、损坏和丢失。

（2）现场测试样品：应严格记录现场检测结果并妥善保管。

（3）实验室测试样品：应认真填写采样记录或标签，并粘贴在采样容器上，注明水样编号、采样者、日期、时间及地点等相关信息。在采样时还应记录所有野外调查及采样情况，包括采样目的、采样地点、样品种类、编号、数量、样品保存方法及采样时的气候条件等。

2. 样品运输

（1）水样采集后应立即送回实验室，根据采样点的地理位置和各项目的最长可保存时间选用适当的运输方式，在现场采样工作开始之前就应安排好运输工作，以防延误。

（2）样品装运前应逐一与样品登记表、样品标签和采样记录进行核对，核对无误后分类装箱。

（3）塑料容器要塞进内塞，拧紧外盖，贴好密封带，玻璃瓶要塞紧磨口塞，并用细绳将瓶塞与瓶颈拴紧，或用封口胶、石蜡封口。待测油类的水样不能用石蜡封口。

（4）需要冷藏的样品，应配备专门的隔热容器，并放入制冷剂。

（5）冬季应采取保温措施，以防样品瓶冻裂。

（6）为防止样品在运输过程中因震动、碰撞而导致损失或沾污，最好将样品装箱运输。装运用的箱和盖都需要用泡沫塑料或瓦楞纸板作衬里或隔板，并使箱盖适度压住样品瓶。

（7）样品箱应有"切勿倒置"和"易碎物品"的明显标示。

第二章 微污染水污染控制实验

实验一 化学混凝沉淀实验

一、实验目的

分散在水中的胶体颗粒带有电荷，同时在布朗运动及其表面水化作用下，长期处于稳定分散状态，不能用自然沉淀方法去除。向这种水中投加混凝剂后，可以使分散颗粒相互结合聚集增大，从水中分离出来。

由于各种废水差别很大，混凝效果不尽相同。混凝剂的混凝效果不仅取决于混凝剂种类、投加量，同时还取决于水的 pH 值、水温、浊度、水流速度梯度等影响。

（1）加深对混凝沉淀原理的理解；

（2）掌握化学混凝工艺最佳混凝剂的筛选方法；

（3）掌握化学混凝工艺最佳工艺条件的确定方法。

二、实验原理

化学混凝的处理对象主要是废水中的微小悬浮物和胶体物质。根据胶体的特性，在废水处理过程中通常采用投加电解质、相反电荷的胶体或高分子物质等方法破坏胶体的稳定性，使胶体颗粒凝聚在一起形成大颗粒，然后通过沉淀分离，达到废水净化效果的目的。关于化学混凝的机理主要有以下四种解释。

1. 压缩双电层机理

当两个胶粒相互接近至双电层发生重叠时，就会产生静电斥力。加入的反离子与扩散层原有反离子之间的静电斥力将部分反离子挤压到吸附层中，从而使扩散层厚度减小。由于扩散层变薄，颗粒相撞时的距离减少，相互间的吸引力变大。颗粒间排斥力与吸引力的合力由斥力为主变为以引力为主，颗粒就能相互凝聚。

2. 吸附电中和机理

异号胶粒间相互吸引达到电中和而凝聚；大胶粒吸附许多小胶粒或异号离子，ξ 电位降低，吸引力使同号胶粒相互靠近发生凝聚。

3. 吸附架桥机理

吸附架桥作用是指链状高分子聚合物在静电引力、范德华力和氢键力等作用下，通过活性部位与胶粒和细微悬浮物等发生吸附桥连的现象。

4. 沉淀物网捕机理

当采用铝盐或铁盐等高价金属盐类作凝聚剂时，当投加量很大形成大量的金属氢氧化物沉淀时，可以网捕、卷扫水中的胶粒，水中的胶粒以这些沉淀为核心产生沉淀。这基本上是一种机械作用。

在混凝过程中，上述现象常不是单独存在的，往往同时存在，只是在一定情况下以某种现象为主。

三、实验材料及装置

1. 主要实验装置及设备

（1）化学混凝实验装置采用六联搅拌器，其结构如图 2-1 所示。

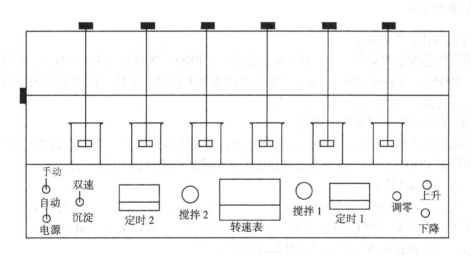

图 2-1　化学混凝实验装置

（2）pHS-3 型精密酸度计。

（3）COD 测定装置。

（4）干燥箱。

（5）分析天平。

（6）其他配套设施与仪器。

1000mL 烧杯；200mL 烧杯；100mL 注射器，移取沉淀水上清液；洗耳球、移液管（1、5、10mL）、温度计、1000mL 量筒、浑浊度仪等。

2. 实验用水

生活污水、造纸废水、印染废水等。

3. 实验药品

（1）混凝剂：聚合硫酸铁（PFS）、聚合氯化铝（PAC）、聚合硫酸铁铝（PAFS）、聚丙烯酰胺（PAM）等；
（2）COD 测试相关药品。

四、实验内容

1. 实验方法

取 300mL 废水于 500mL 烧杯中，加酸或碱调整 pH 值后，按一定的比例投加混凝剂，在六联搅拌器上先快速搅拌（转速 200r/min）2min，再慢速搅拌（80r/min）10min，然后静置，观察并记录实验过程中絮体形成的时间、大小及密实程度、沉淀快慢、废水颜色变化等现象。静置沉淀 30min 后，于表面 2~3cm 深处取上清液测定其 pH 值和 COD。

2. 实验步骤

（1）最佳混凝剂的筛选。
根据所选废水的水质特点，利用聚合硫酸铁（PFS）、聚合氯化铝（PAC）、聚合硫酸铁铝（PAFS）、聚丙烯酰胺（PAM）等常规混凝剂进行初步实验，根据实验现象和检测结果，筛选出适宜处理该废水的最佳混凝剂。
（2）混凝剂最佳投加量的确定。
利用筛选出的混凝剂，取不同的投加量进行混凝实验，实验结果记入表 2-1。根据实验结果绘制 COD 去除率与混凝剂投加量的关系曲线，确定最佳的混凝剂投加量。
（3）最佳 pH 值的确定。
调整废水的 pH 值分别为 6.0、6.5、7.0、7.5、8.0 进行混凝实验，实验结果记入表 2-2。根据实验结果绘制 COD 去除率与 pH 值的关系曲线，确定最佳的 pH 值条件。
（4）考察搅拌强度和搅拌时间对混凝效果的影响。
在混合阶段要求混凝剂与废水迅速均匀混合，以便形成众多的小矾花；在反应阶段既要创造足够的碰撞机会和良好的吸附条件让小矾花长大，又要防止生成的絮体被打碎。根据本实验装置——六联搅拌器的特点，通过烧杯混凝搅拌实验，确定最佳的搅拌强度和搅拌时间。

3. 实验结果记录与分析——方法 1

搅拌形成矾花中，注意观察并记录，记入表 2-1、表 2-2 中。

表 2-1 　　　　　　　　　　　　　　**最佳投药量实验记录**

第_____组　　　　　　姓名_____　　　　　实验日期_____
原水温度_____℃　　　色度_____　　pH 值_____　　COD _____ mg/L
使用混凝剂的种类及浓度_____

水样编号		1	2	3	4	5	6
混凝剂投加量（mg/L）							
矾花形成时间（min）							
絮体沉降快慢							
絮体密实							
处理水水质	色度						
	pH 值						
	COD（mg/L）						
搅拌条件	快速	搅拌时间（min）			转速（r/min）		
	中速						
	慢速						
沉降时间（min）							

表 2-2 　　　　　　　　　　　　　　**最佳 pH 值实验记录**

第_____组　　　　　　姓名_____　　　　　实验日期_____
原水温度_____℃　　　色度_____　　pH 值_____　　COD _____ mg/L
使用混凝剂的种类及浓度_____

水样编号		1	2	3	4	5	6
HCL 投加量（mg/L）							
NaOH 投加量（mL）							
絮体沉降快慢							
混凝剂的投加量（mg/L）							
实验水样 pH 值							
处理水水质	色度（或浊度）						
	pH 值						
	COD（mg/L）						
搅拌条件	快速	搅拌时间（min）			转速（r/min）		
	中速						
	慢速						
沉降时间（min）							

4. 实验结果记录与分析——方法 2

搅拌过程中，注意观察并记录矾花形成的过程、矾花外观、大小、密实程度等，并记入表 2-3、表 2-4 中。

表 2-3   实 验 记 录

实验组号	观察记录		小结
	水样编号	矾花形成及水样过程的描述	
I	1		
	2		
	3		
	4		
	5		
	6		
II	1		
	2		
	3		
	4		
	5		
	6		

注意事项：

（1）搅拌过程完成后，停机，将水样取出，置一旁静沉 15min，并观察记录矾花沉淀的过程。与此同时，再将第二组 6 个水样置于搅拌器下。

（2）第一组 6 个水样，静沉 15min 后，用注射器每次汲取水样杯中上清液约 130mL（浑浊度仪、酸度计（测 pH 值）用量即可），置于 6 个洗净的 200mL 烧杯中，测浊度及 pH 值并记入表 2-4 中。

（3）比较第一组实验结果。根据 6 个水样所分别测得的剩余浊度，以及水样混凝沉淀时所观察到的现象，对最佳投药量的所在区间，做出判断。缩小实验范围（加药量范围）重新设定第 M 组实验的最大和最小投药量值 a 和 b，重复上述实验。

表 2-4   数据记录表

实验组号	混凝剂名称		原水浑浊度		原水温度℃		原水 pH 值	
	水样编号		1	2	3	4	5	6
I	投药量							
	剩余浊度							
	沉淀后 pH 值							

续表

实验组号	混凝剂名称		原水浑浊度		原水温度℃		原水 pH 值	
	水样编号		1	2	3	4	5	6
Ⅱ	投药量							
	剩余浊度							
	沉淀后 pH 值							

注意事项：

（1）一电源电压应稳定，如有条件，电源上宜设一台稳压装置（如 614 系列电子交流稳压器）。

（2）取水样时，所取水样要搅拌均匀，要一次量取以尽量减少所取水样浓度上的差别。

（3）移取烧杯中沉淀水上清液时，要在相同条件下取上清液，不要把沉下去的矾花搅起来。

5. 结果整理

以投药量为横坐标，以剩余浊度为纵坐标，绘制投药量-剩余浊度曲线，从曲线上可求得不大于某一剩余浊度的最佳投药量值。

五、实验结果与讨论

1. 不同混凝剂对 COD 去除率的影响。
2. 混凝剂的投加量对 COD 去除率的影响。
3. pH 值对 COD 去除率的影响。
4. 搅拌速度和搅拌时间对 COD 去除率的影响。
5. 混凝最佳工艺条件的确定。
6. 简述影响混凝效果的几个主要因素。
7. 为什么投药量大时，混凝效果不一定好？

六、思考题

1. 根据实验结果以及实验中所观察到的现象，简述影响混凝的几个主要因素。
2. 为什么最大投药量时，混凝效果不一定好。
3. 测量搅拌机搅拌叶片尺寸，计算中速、慢速搅拌时的 G 值及 GT 值。计算整个反应器的平均 G 值。
4. 参考本实验步骤，编写出测定最佳沉淀后 pH 值实验过程。

当无六联搅拌器时，试说明如何用 0.618 法安排实验求最佳投药量

实验二　过滤反冲洗实验

一、实验目的

(1) 熟悉滤池实验设备和方法，观察过滤及反冲洗现象，滤料的水力筛分现象，滤料层膨胀与冲洗强度的关系；加深理解过滤及反冲洗原理。

(2) 了解过滤及反冲洗模型的组成，观察滤料层的水头损失与工作时间的关系。

(3) 熟悉过滤及反冲洗实验的方法，探求不同滤料层的水质，以了解大部分的过滤效果是在顶上完成的。

(4) 测定滤池工作中的主要技术并掌握观测的方法。

二、实验原理

过滤是具有孔隙的物料层截留水中杂质从而使水得到澄清的工艺过程。常用的过滤方式有砂滤、硅藻土涂膜过滤、烧结管微孔过滤、金属丝编织物过滤等。过滤不仅可以去除水中细小悬浮颗粒杂质，而且细菌、病毒及有机物也会随浊度降低而被去除。滤池净化的主要作用是接触凝聚作用，水中经过絮凝的杂质截留在滤池之中，或者有接触絮凝作用的滤料表面黏附水中的杂质。滤层去除水中杂质的效果主要取决于滤料的总表面积。

随着过滤时间的增加，滤层截留杂质的增多，滤层的水头损失也随之增大，其增长速度依滤速大小、滤料颗粒的大小和形状、过滤进水中悬浮物含量及截留杂质在垂直方向的分布而定。当滤速大、滤料颗粒粗、滤层较薄时，滤过的水质很快变差，过滤水质周期较短；当滤速大、滤料颗粒细时，滤池中的水头损失增加也很快，这样很快达到过滤压力周期。所以在处理一定性质的水时，正确确定滤速、滤料颗粒的大小、滤料及厚度之间的关系，具有重要的技术意义与经济意义，该关系可通过试验的方法来确定。

当水头损失达到极限，使出水水质恶化时就要进行反冲洗。反冲洗的目的是清除滤层中的污物，使滤池恢复过滤能力。冲洗采用自下而上的水流进行。滤料层在反冲洗时，当膨胀率一定，滤料颗粒越大，所需的冲洗强度便越大；水温越高（水的黏滞系数越小），所需冲洗强度也越大。对于不同的滤料，同样颗粒的滤料，当比重大的与比重小的膨胀率相同时，所需的冲洗强度就越大。精确地确定在一定的水温下冲洗强度与膨胀率之间的关系，最可靠的方法是进行反冲洗实验。

为了取得良好的过滤效果，滤料应具有一定级配。

过滤料的层次分布：

(1) 承托层；

(2) 石英砂滤料；

(3) 无烟煤滤料；

(4) 滤上水头损失。

三、实验仪器

（1）过滤及反冲洗实验装置；

（2）温度计；

（3）钢卷尺。

四、实验装置简图

实验装置简图如图 2-2 所示。

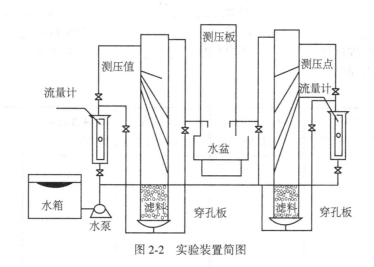

图 2-2 实验装置简图

五、实验步骤

1. 熟悉实验设备

对照实验设备，熟悉滤池及相应的管路系统，包括配水设备、加药装置、过滤柱、滤池进水阀门及流量计、滤池出水阀门、反冲洗进水阀门及流量计、反冲洗出水阀门、测压管等。

2. 进行滤料层反冲洗膨胀率与反冲洗强度关系的测定

首先标出滤料层原始高度及各相应膨胀率的高度，然后打开反冲洗排水阀，再慢慢开启反冲洗进水阀，用自来水对滤料层进行反冲洗，量测一定的膨胀率（10%、30%、40%、50%、60%、70%）时的流量，并测水温。

3. 进行过滤周期运行情况测定

关闭反冲洗进水阀及排水阀，全部打开滤池出水阀，待滤柱中水面下降到测压管 10~15cm 处时，打开滤池进水阀门，控制流量在_____L/h，相应滤速_____m/h，加药量控制在_____mL/min，$Al_2(SO_4)_3$ 药液浓度为 1%，相应加药量为_____mg/L。3~5min 后，滤柱中水面达到相对稳定，以此时作过滤周期的起点时刻开始测定，测定间隔 15min，测定项目为各测压管水位、进出水浊度、水温。由于实验时间有限，过滤周期运行 2h 左右即可结束。此时关闭滤池进水阀、滤池出水阀及加药装置。

4. 进行过滤后的滤柱反冲洗

打开反冲洗排水阀，再开反冲洗进水阀，控制滤池膨胀率为 50%，观察冲洗水混浊度的变化情况。5min 后，结束实验。

六、实验结果、记录与分析

日期＿＿＿＿＿＿　　　滤池＿＿＿＿＿＿号　　　滤池直径＿＿＿＿＿＿
断面面积＿＿＿＿＿＿　　滤料＿＿＿＿＿＿　　当量直径＿＿＿＿＿＿
原水及预处理过程＿＿＿＿　平均水温＿＿＿＿＿＿　平均滤速＿＿＿＿＿＿

（1）滤池反冲洗。

时间	砂层膨胀率观测值（%）	冲洗水流量（L/h）	冲洗强度（L/（s·m²））	冲洗排水水温（℃）	备注

（2）经混凝预处理的过滤。

加药量 = ＿＿＿＿＿＿＿＿ mg/L（以 $Al_2(SO_4)_3$ 计）

时间	流量（mL/min）	滤速（m/h）	混浊度		水位 cm						
			进水	出水	滤池水面	滤层A点	滤层B点	滤层C点	滤层D点	滤层E点	滤池出水

（3）实测并绘制实验设备草图（注明各部分的主要尺寸）。

（4）计算并填写下列表格。

（5）绘制过滤时滤料层水头损失与时间的关系曲线。

（6）绘制反冲洗强度与滤料层膨胀率的关系曲线。

（7）实验过程中的心得及存在问题。

实验三　臭氧氧化实验

一、实验目的

臭氧是氧的同素异构体，具有很强的氧化性，不仅能容易地氧化废水中的不饱和有机物，而且还能使芳香族化合物开环和部分氧化，提高废水的可生化性。臭氧极不稳定，在常温下分解为氧。用臭氧处理废水的最大优点是不产生二次污染，且能增加水中的溶解氧，臭氧通常用于水体的消毒，在废水脱色及深度处理中也逐渐获得应用。在工业上，一般采用无声放电制取臭氧，原料为空气，廉价易得。因此利用臭氧处理水和废水具有广阔的前景。通过本实验希望达到以下目的：

（1）了解臭氧发生器的构造、原理和使用方法；

（2）掌握臭氧浓度、苯酚浓度的测定方法；

（3）通过对含酚废水的处理，了解臭氧处理工业废水的基本过程。

二、实验装置

臭氧氧化实验工艺流程图见图 2-3。

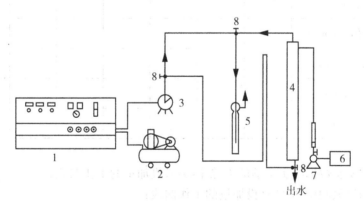

图 2-3　臭氧氧化实验工艺流程图

1—臭氧发生器；2—空气压缩机；3—湿式气体流量计；4—反应柱；

5—KI 吸收瓶；6—废水池；7—塑料离心泵；8—三通阀

三、实验水样

含酚废水（或苯胺类水样）

四、实验步骤

（1）熟悉实验工艺流程；

（2）打开反应柱进样阀，启动水泵，用转子流量计控制一定的流量，将含酚废水注入反应柱，当进水达到预定体积时，停泵，关闭进水阀；

（3）启动臭氧发生器（电压表示值150V，气体流量75L/h），待工作稳定后（约5min），将臭氧化空气通入反应柱，通入的臭氧化空气的体积由湿式气体流量计计算；

（4）当通入的臭氧化空气的体积为0、5、10、15、20、25、30、35L时，相应的从反应柱取样口取样125mL（取样前应排除取样管中的积液）测定酚的含量，同时从吸收瓶中取样测定尾气中臭氧的浓度；

（5）从臭氧发生器取样口取样测定臭氧化空气中臭氧的浓度；

因在实验过程中，臭氧的浓度随实验条件的变化而变化，所以我们在实验步骤（4）取样完毕后，据实验步骤（5）取样，计算臭氧浓度并作为臭氧的平均浓度；

（6）将实验数据填入表2-5。

表2-5　　　　　　　　　　　　臭氧氧化实验数据

臭氧化空气的投加量（L）	0	5	10	15	20	25	30	35
硫代硫酸钠的消耗量（mL）								
出水中酚的浓度（mg/L）								
酚的去除率（%）								
尾气中的臭氧浓度（mg/L）								
臭氧的利用率（%）								
臭氧的浓度（mg/L）								
臭氧的投加量（mg）								

（7）根据实验数据绘制苯酚的去除率-臭氧投加量的工作曲线；

（8）绘制臭氧利用率-臭氧投加量的工作曲线；

（9）改变废水流量，可绘制去除率-停留时间的关系曲线；

（10）关闭臭氧发生器。

五、思考题

1. 综上实验所得数据，对臭氧脱酚工艺作出评价。

2. 臭氧氧化处理含酚废水的原理是什么？

3. 为什么要进行尾气处理，如何处理？

第三章　污水处理实验

实验一　水静置沉淀实验

一、实验目的

沉淀是水污染控制用以去除水中杂质的常用方法。沉淀有四种基本类型：自由沉淀、凝聚沉淀、成层沉淀和压缩沉淀。自由沉淀用以去除低浓度的离散性颗粒，如沙砾、铁屑等。这些杂质颗粒的沉淀性能一般都要通过实验测定。

本实验拟采用沉降柱实验，找出颗粒物去除率与沉降速度的关系。通过本实验，以达到以下目的：

(1) 掌握沉淀特性曲线的测定方法；

(2) 了解固体通量分析过程；

(3) 加深对沉淀原理的理解，为沉淀池的设计提供必要的设计参数。

二、实验原理

在含有分散性颗粒的废水静置沉淀过程中，设试验筒内有效水深为 H（图 3-1），通过不同的沉淀时间 t，可求得不同的颗粒沉淀速度 u，$u = H/t_0$ 对于指定的沉淀时间 t_0，可求得颗粒沉淀速度 u_0。对于沉淀等于或大于 u_0 的颗粒在 t_0 时可全都去除，而对于沉淀 $u < u_0$ 的颗粒只有一部分去除，而且按 u/u_0 的比例去除。

设 x_0 代表沉速 $\leq u_0$ 的颗粒所占百分数，于是在悬浮颗粒总数中，去除的百分数可用 $1 - x_0$ 表示。而具有沉速 $u \leq u_0$ 的每种粒径的颗粒去除的部分等于 u/u_0。因此考虑到各种颗粒粒径时，这类颗粒的出去百分数为 $\int_x^{x_0} \dfrac{u}{u_0} \mathrm{d}x$，则

$$总去除率\ E = (1 - x_0) + \frac{1}{u_0} \int_0^{x_0} u\mathrm{d}x$$

式中：第二项可利用沉淀分配曲线用图解积分法确定，如图 3-2 中的阴影部分。

絮凝型悬浮物静置沉淀的去除率，不仅与沉淀速度有关，而且与深度有关。因此试验筒中的水深应与池深相同。在沉降柱的不同高度设有取样口，在不同的选定时段，自不同深度取水样，测定这部分水样中的颗粒浓度，并用其计算沉淀物质的百分数。在横坐标为沉淀时间、纵坐标为深度的图上绘出等浓度曲线，为了确定一特定池中悬浮物的总去除率，可以采用与分散性颗粒相似的近似法求得。

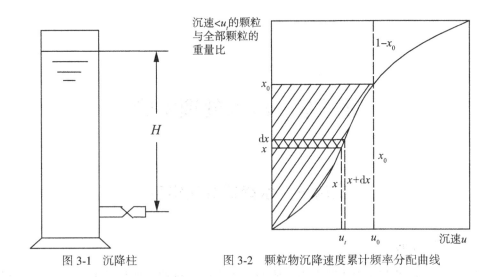

图 3-1　沉降柱　　　　图 3-2　颗粒物沉降速度累计频率分配曲线

　　上述是一般废水静置沉淀试验方法。这种方法的工作量相当大，因此实验过程中对上述方法进行了改进。

　　沉淀开始时，可以认为悬浮物在水中的分布是均匀的。可是随着沉淀历时的增加，悬浮物在沉降柱内的分布变为不均匀。严格地说经过沉淀时间 t 后，应将沉降柱内有效水深 H 的全部水样取出，测出其悬浮物含量，来计算出 t 时间内的沉淀效率。但是这样工作量太大，而且每个试验筒内只能求一个沉淀时间的沉淀效率。为了克服上述弊端，又考虑到试验筒内悬浮物浓度沿水深的变化，所以我们提出的实验方法是将取样口装在沉降柱 $H/2$ 处。近似地认为该处水的悬浮物浓度代表整个有效水深悬浮物的平均浓度。我们认为这样做在工程上属于误差允许范围内的，而试验及测定工作量可大为简化，在一个沉降柱内就可多次取样，完成沉淀曲线的实验。

三、实验用水

生活污水、造纸、高炉煤气洗涤等工业废水或黏土配水。

四、主要实验设备和仪器

(1) 沉降柱（图 3-3）直径 200mm，工作有效水深 1500mm。
(2) 真空抽滤装置或过滤装置。
(3) 悬浮物定量分析所需设备，包括分析天平、带盖称量瓶、干燥器、烘箱等。

五、实验步骤

(1) 将水样倒入搅拌桶中，用泵循环搅拌约 5min，使水样中悬浮物分布均匀。
(2) 用泵将水样输入沉淀试验筒，在输入过程中，从筒中取样 3 次，每次约 50mL（取样后要准确记下水样体积）。此水样的悬浮物浓度即为实验水样的原始浓度 c_0。
(3) 当废水升到溢流口，溢流管流出水后，关紧沉淀试验筒底部的阀门，停泵，记下沉淀开始时间。

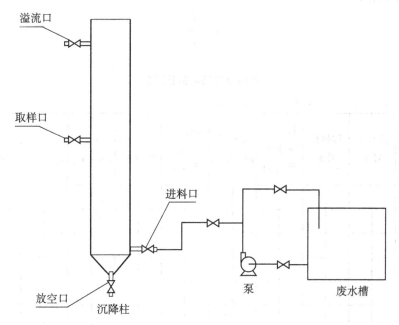

图 3-3　水静置沉淀实验装置

（4）观察静置沉淀现象。

（5）隔 5、10、20、30、45、60、90min，从试验筒中部取样两次，每次约 50mL（准确记下水样体积)。取水样前要先排出取样管中的积水约 10mL，取水样后测量工作水深的变化。

（6）将相同沉淀时间的两个水样作平行试验，用滤纸抽滤（滤纸应当是已在烘箱内烘干后称量过的)，过滤后，再把滤纸放入已准确称量的带盖称量瓶内，在 105~110℃烘箱内烘干后称量滤纸的增量即为水样中悬浮物的重量。

（7）计算不同沉淀时间 t 的水样中的悬浮物浓度 c，沉淀效率 E，以及相应的颗粒沉速 u，画出 $E\text{-}t$ 和 $E\text{-}u$ 的关系曲线。

（8）观察悬浮颗粒沉淀特点、现象。

（9）测定水样悬浮物含量。

六、实验数据记录与处理

实验记录如表 3-1 所示。

（1）悬浮物的浓度。

$$c(\text{mg/L}) = \frac{m_i - m}{v} \times 100$$

（2）沉降效率。

$$E = \frac{c_0 - c_i}{c_0} \times 100\%$$

(3)沉降速度。

$$u = \frac{h_i}{t_i}$$

表 3-1 　　　　　　　　　　　　　　　颗粒自由沉淀实验记录

日期：_____　　水样：_____

静沉时间（min）	滤纸编号 #	称量瓶号 #	称量瓶+滤纸重（g）	取样体积（mL）	瓶、纸+SS重（g）	水样SS重（g）	c_0（mg/L）	$\overline{c_0}$（mg/L）	沉淀高度 H（cm）
0									
5									
10									
20									
30									
60									
90									

注意事项

①向沉淀柱内进水时，速度要适中，既要较快完成进水，以防进水中一些较重颗粒沉淀，又要防止速度过快造成柱内水体紊动，影响静沉实验效果。

②取样前，一定要记录管中水面至取样口距离 H_0（以 cm 计）。

③取样时，先排除管中积水而后取样，每次取 300～400mL。

④测定悬浮物时，因颗粒较重，从烧杯取样要边搅拌边吸，以保证两平行水样的均匀性。贴于移液管壁上的细小颗粒一定要用蒸馏水洗净。

(4)实验基本参数整理。

实验日期：_____　　　　水样性质及来源：_____

沉淀柱直径 d =_____　　　柱高 H =_____

水温：_____℃　　　　　　原水悬浮物浓度 c_0（mg/L）

绘制沉淀柱草图及管路连接图。

(5)数据整理。

将实验原始数据按表 3-2 整理，以备计算分析之用。

表中不同沉淀时间 t_i 时，沉淀管内未被移除的悬浮物的百分比及颗粒沉速分别按式(3-1)计算未被移除悬浮物的百分比。

$$P_i = \frac{c_i}{c_0}100\% \qquad (3\text{-}1)$$

式中：c_0——原水中 SS 浓度值，mg/L；

c_i——某沉淀时间后，水样中 SS 浓度值，mg/L。

相应颗粒沉速为
$$u_i = \frac{H_I}{t_i} (\text{mm/s})$$

（6）以颗粒沉速 u 为横坐标，以 P 为纵坐标，在普通格纸上绘制 u-P 关系曲线。

（7）利用图解法列表（表3-3）计算不同沉速时，悬浮物的去除率。

表 3-2 实验原始数据整理表

沉淀高度（cm）							
沉淀时间（min）							
实测水样 SS（mg/L）							
计算用 SS（mg/L）							
未被移除颗粒百分比 P_i							
颗粒沉速 u（mm/s）							

表 3-3 悬浮物去除率 E 的计算

序号	u_0	P_0	$1 - P_0$	ΔP	$\dfrac{\sum u_s \cdot \Delta P}{u_0}$	$E = (1 - P_0) + \dfrac{\sum u_s \cdot \Delta P}{u_0}$

$$E = (1 - P_0) + \frac{\sum u_s \cdot \Delta P}{u_0}$$

（8）根据上述计算结果，以 E 为纵坐标，分别以 u 及 t 为横坐标，绘制 u-E、t-E 关系曲线。

七、思考题

1. 自由沉淀中颗粒沉速与絮凝沉淀中颗粒沉速有何区别。

2. 绘制自由沉淀静沉曲线的方法及意义。

3. 沉淀柱高分别为 $H = 1.2\text{m}$，$H = 0.9\text{m}$，两组实验结果是否一样，为什么？

4. 利用上述实验资料，按式（3-2）计算。

$$E = \frac{c_0 - c_I}{c_0} 100\% \tag{3-2}$$

计算不同沉淀时间 t 的沉淀效率 E，绘制 E-t，E-u 静沉曲线，并和上述整理结果加以对照与分析，指出上述两种整理方法结果的适用条件。

5. 分析不同工作水深的沉淀曲线，若应用到沉淀池的设计，需注意什么问题？

实验二 曝气充氧实验

一、实验目的

曝气是活性污泥系统的一个重要环节，它的作用是向池内充氧，保证微生物生化作用所需之氧，同时保持池内微生物、有机物、溶解氧，即泥、水、气三者的充分混合，为微生物降解创造有利条件。

(1) 加深理解曝气充氧的机理及影响因素。

(2) 了解掌握曝气设备清水充氧性能测定的方法。

(3) 测定几种不同形式的曝气设备氧的总转移系数 K_{Las}，氧利用率 $\eta\%$，动力效率等，并进行比较。

二、实验原理

曝气是人为地通过一些设备加速向水中传递氧的过程，常用的曝气设备分为机械曝气与鼓风曝气两大类，无论哪一种曝气设备，其充氧过程均属传质过程，氧传递机理为双膜理论。如图 3-4 所示，在氧传递过程中，阻力主要来自液膜，氧传递基本方程式为

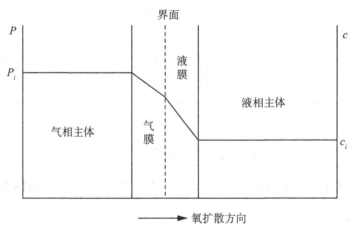

图 3-4 双膜理论模式

$$\frac{\mathrm{d}c}{\mathrm{d}t} = K_{La}(C_s - C) \tag{3-3}$$

式中：$\frac{\mathrm{d}c}{\mathrm{d}t}$ ——液体中溶解氧浓度变化速率，mg/L·min；

$C_s - C$ ——氧传质推动力，mg/L；

C_s ——液膜处饱和溶解氧浓度，mg/L；

C ——液相主体中溶解氧浓度，mg/L；

K_{La}——氧总转移系数。

$$K_{La} = \frac{D_L \cdot A}{Y_L \cdot W}$$

式中：D_L——液膜中氧分子扩散系数；

$\quad\quad Y_L$——液膜厚度；

$\quad\quad A$——气液两相接触面积；

$\quad\quad W$——曝气液体体积。

由于液膜厚度 Y_L 和液体流态有关，而且实验中无法测定与计算，同样气液接触面积 A 的大小也无法测定与计算，故用氧总转移系数 K_{La} 代替。

将式（3-3）积分整理后得曝气设备氧总转移系数 K_{La} 计算式。

$$K_{La} = \frac{2.303}{t - t_0} \lg \frac{C_S - C_0}{C_S - C_t} \tag{3-4}$$

式中：K_{La}——氧总转移系数，$1/min$ 或 $1/h$；

$\quad\quad t_0$、t——曝气时间，min；

$\quad\quad C_0$——曝气开始时池内溶解氧浓度，$t_0 = 0$ 时，$C_0 = 0$，mg/L；

$\quad\quad C_S$——曝气池内液体饱和溶解氧值，mg/L；

$\quad\quad C_t$——曝气某一时刻 t 时，池内液体溶解氧浓度，mg/L。

由式（3-4）中可见，影响氧传递速率 K_{La} 的因素很多，除了曝气设备本身结构尺寸，运行条件以外，还与水质水温等有关。为了进行互相比较，以及向设计、使用部门提供产品性能，产品给出的充氧性能均为清水、标准状态下的，即清水（一般多为自来水）一个大气压20℃下的充氧性能。常用指标有氧总转移系数 K_{La} 充氧能力 Q_c、动力效率 E 和氧利用率 $\eta\%$。

曝气设备充氧性能测定实验方法有两种：一种是间歇非稳态法，即实验时一池水不进不出，池内溶解氧浓度随时间而变；另一种是连续稳态测定法，即实验时池内连续进出水，池内溶解氧浓度保持不变。目前国内外多用间歇非稳态测定法，即向池内注满所需水后，将待曝气之水以无水亚硫酸钠为脱氧剂，氯化钴为催化剂，脱氧至零后开始曝气，液体中溶解氧浓度逐渐提高。液体中溶解氧的浓度 C 是时间 t 的函数，曝气后每隔一定时间 t 取曝气水样，测定水中溶解氧浓度，从而利用上式计算 K_{La} 值，或是以亏氧量（$C_S - C_t$）为纵坐标，在半对数坐标纸上绘图，直线斜率即为 K_{La} 值。

三、实验设备及用具

1. 微型曝气清水充氧设备

（1）曝气池：以钢板制成 0.8m×1.0m×4.3m。

（2）水循环系统，包括吸水池、塑料泵。

（3）水中溶解氧测定设备，测定方法详见水质分析（碘量法），或用溶解氧测定仪。

（4）无水亚硫酸钠、氯化钴、秒表。

2. 微孔鼓风曝气清水充氧设备

（1）穿孔管布气装置：孔眼 40φ0.5mm，与垂直线成45°夹角，两排交错排列。
（2）空气压缩机。

3. 计算投药量

（1）脱氧剂采用无水亚硫酸钠。

根据：$\qquad\qquad 2Na_2SO_3 + O_2 = 2Na_2SO_4$

则每次投药量为 $\qquad\qquad g = G \times 8 \times (1.1 \sim 1.5)$。

式中：1.1~1.5 值是为脱氧安全而取的系数。

（2）催化剂采用氯化钴，投加浓度为 0.1mg/L，将称得的药剂用温水化开，由池顶倒入池内，约 10min 后，取水样、测其溶解氧。

四、实验步骤

（1）容器注入清水至 3L 处时，测定水中溶解氧值，计算池内溶氧量 $G = DO \cdot V$。
（2）计算投药量。
（3）当池内水脱氧至零后，打开空压机，进行鼓风曝气，观察曝气出口处，当有气泡出现时，开始计时，同时每隔 1min（前 3 个间隔）和 0.5min（后几个间隔）开始取样，连续取 15 个水样左右。

五、实验记录

溶解氧测定仪与记录仪配用的记录，记录表的格式如表3-4所示。

表 3-4   曝气充氧记录

序号	时间（min）	池内溶解氧（mg/L）	备注
1	0		
2	1		
3	2		
4	3		
5	5		
6	8		
7	10		
8	12		
9	15		

注意事项：

（1）认真调试仪器设备，特别是溶解氧测定仪，要定时更换探头内的溶解液，使用前定零点及满度。

（2）溶解氧测定仪探头的位置对实验影响较大，要保证位置固定不变，探头应保持与被测溶液有一定相对流速，一般为 $20\sim30cm/s$，测试中应避免气泡和探头直接接触，引起表针跳动影响读数。

（3）应严格控制各项基本实验条件，如水温、搅拌强度、供风风量等，尤其是对比实验更应严格控制。

（4）所取曝气池混合液浓度，应为正常条件（设计或正常运行）下的污泥浓度。

六、思考题

1. 曝气充氧设备对污水微生物处理起着什么作用？
2. 除了提供足够的溶氧，还需要哪些条件因素以确保环境有利于微生物生长？

实验三　活性污泥吸附性能测定

在活性污泥法的净化功能中，活性污泥性能的优劣，对活性污泥系统的净化功能有决定性的作用。活性污泥是由大量微生物凝聚而成，具有很大的表面积，性能优良的活性污泥应具有很强的吸附性能和氧化分解有机污染物的能力。并具有良好的沉淀性能，因此，活性污泥的活性即吸附性能、生物降解能力与污泥凝聚沉淀性能。

一、实验目的

进行污泥吸附性能的测定，不仅可以判断污泥再生效果，及在不同运行条件、方式、水质等状况下污泥性能的好坏，还可以选择污水处理运行方式，确定吸附、再生段适宜比值，在科研及生产运行中具有重要的意义。（本实验仅考虑活性污泥的活性吸附性能与生物降解能力的测定）

（1）加深理解污水生物处理及吸附再生式曝气池的特点、吸附段与污泥再生段的作用。

（2）掌握活性污泥吸附性能测定方法。

二、实验原理

任何物质都有一定的吸附性能，活性污泥由于单位体积表面积很大，特别是再生良好的活性污泥具有很强的吸附性能，故污水与活性污泥接触初期由于吸附作用，而使污水中底物得以大量去除，即所谓初期去除；随着外酶作用，某些被吸附物质经水解后。又进入水中，使污水中底物浓度又有所上升，随后由于微生物对底物的降解作用，污水中底物浓度随时间而逐渐缓慢的降低，整个过程如图 3-5 所示。

三、实验设备及用具

（1）有机玻璃搅拌罐 2 个，如图 3-6 所示。
（2）100mL 量筒及烧杯、三角瓶、秒表、玻璃棒、漏斗等。
（3）离心机、水分快速测定仪。
（4）COD 回流装置或 BOD_5 测定装置。

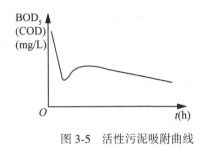

图 3-5　活性污泥吸附曲线

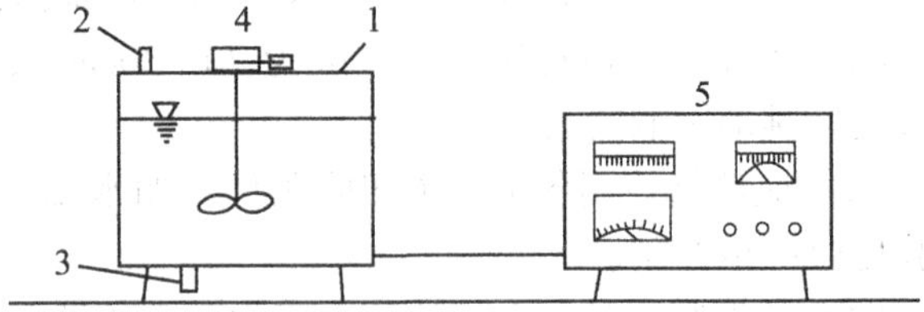

图 3-6　吸附性能测定装置
1—搅拌罐；2—进样孔；3—取样放空孔；
4—搅拌器；5—控制仪表

四、实验步骤及记录

（1）制取活性污泥。

a. 取运行曝气池再生段末端及回流污泥，或普通空气暖气池与氧气曝气池回流污泥，经离心机脱水，倾去上清液。

b. 称取一定重量的污泥（配制罐内混合液浓度 MLSS 为 2～3g/L），在烧杯中用待测水搅匀，分别放入搅拌罐内编号，注意两罐内之浓度应保持一致。

（2）取待测定之水。注入搅拌罐内，容积在 7～8L 左右，同时取原水样测定 COD 或 BOD_5 值。

（3）打开搅拌开关，同时记录时间，在 0.5、1.0、1.5、2.0、3.0、5.0、10、20、40、70min，分别取出 200mL 左右混合液，并取出一个 100mL 的混合液。

（4）将上述所取水样静沉 30min 或过滤，取其上清液或滤液，测定其 COD 或 BOD_5 值等，用 100mL 混合液测其污泥浓度。

（5）记录表如表 3-5 所示。

表 3-5　　　　　　　　　　　　BOD_5或 COD 吸附性能测定记录

污泥种类	吸附时间 （min）									
	0.5	1.0	1.5	2.0	3.0	5.0	10	20	40	70
吸附段										
再生段										

五、注意事项

（1）因是平行对比实验，故应尽量保证两搅拌罐内污泥浓度的一致和水样的均匀一致性。

（2）注意仪器设备的使用，实验中保持两搅拌罐运行条件，尤其是搅拌强度的一致性。

（3）由于实验取样间隔时间短，样又多，准备工作要充分，不要弄乱。

（4）成果整理以吸附时间为横坐标，以水样 BOD_5 或 COD 值为纵坐标绘图。

六、思考题

1. 活性污泥吸附性能指何而言，它对污水底物的去除有何影响，试举例说明。
2. 影响活性污泥吸附性能的因素有哪些？
3. 活性污泥吸附性能测定的意义。
4. 试分析、对比吸附段、再生段污泥吸附曲线区别（曲线低点的数值与出现时间）及其原因。

实验四　污泥沉降比和污泥指数评价指标测定实验

一、实验目的

在废水生物处理中，活性污泥法是很重要的一种处理方法，也是城市污水处理厂最广泛使用的方法。活性污泥法是指在人工供氧的条件下，通过悬浮在曝气池中的活性污泥与废水的接触，以去除废水中有机物或某种特定物质的处理方法。在这里，活性污泥是废水净化的主体。所谓活性污泥，是指充满了大量微生物及有机物和无机物的絮状泥粒。它具有很大的表面积和强烈的吸附和氧化能力，沉降性能良好。活性污泥生长的好坏，与其所处的环境有关，而活性污泥性能的好坏，又直接关系到废水中污染物的去除效果。为此，水质净化厂的工作人员经常要通过观察和测定活性污泥的组成和絮凝、沉降性能，以便及时了解曝气池中活性污泥的工作状况，从而预测处理出水的好坏。

（1）了解评价活性污泥性能的四项指标及其相互关系；
（2）掌握 SV、SVI、MLSS、MLVSS 的测定和计算方法。

二、实验原理

活性污泥的评价指标一般有生物相、混合液悬浮固体浓度（MLSS）、混合液挥发性悬浮固体浓度（MLVSS）、污泥沉降比（SV）、污泥体积指数（SVI）和污泥龄（θ_C）等。

混合液悬浮固体浓度（MLSS）又称混合液污泥浓度。它表示曝气池单位容积混合液内所含活性污泥固体物的总质量，由活性细胞（M_a），内源呼吸残留的不可生物降解的有机物（M_e）、入流水中生物不可降解的有机物（M_i）和入流水中的无机物（M_{ii}）4 部分组成。混合液挥发性悬浮固体浓度（MLVSS）表示混合液活性污泥中有机性固体物质部分的浓度，即由 MLSS 中的前三项组成。活性污泥净化废水靠的是活性细胞（M_a），当 MLSS 一定时，M_a 越高，表明污泥的活性越好，反之越差。MLVSS 不包括无机部分（M_{ii}），所以用其来表示活性污泥的活性数量上比 MLSS 为好，但它还不真正代表活性污泥微生物（M_a）的量。这两项指标虽然在代表混合液生物量方面不够精确，但测定方法简单易行，也能够在一定程度上表示相对的生物量，因此广泛用于活性污泥处理系统的设计、运行。对于生活污水和以生活污水为主体的城市污水，MLVSS 与 MLSS 的比值在 0.75 左右。

性能良好的活性污泥，除了具有去除有机物的能力以外，还应有好的絮凝沉降性能。这是发育正常的活性污泥所应具有的特性之一，也是二沉池正常工作的前提和出水达标的保证。活性污泥的絮凝沉降性能，可用污泥沉降比（SV）和污泥体积指数（SVI）这两项指标来加以评价。污泥沉降比是指曝气池混合液在100mL筒中沉淀30min，污泥体积与混合液体积之比，用百分数（%）表示。活性污泥混合液经30min沉淀后，沉淀污泥可接近最大密度，因此可用30min作为测定污泥沉降性能的依据。一般生活污水和城市污水的SV为15%~30%。污泥体积指数是指曝气池混合液经30min沉淀后，每克干污泥所形成的沉淀污泥所占的容积，以mL计，即mL/g，但习惯上把单位略去。SVI的计算式为

$$SVI = \frac{SV（mL/L）}{MLSS（g/L）}$$

在一定的污泥量下，SVI反映了活性污泥的凝聚沉淀性能。若SVI较高，表示SV较大，污泥沉降性能较差；若SVI较低，污泥颗粒密实，污泥老化，沉降性能好。但如SVI过低，则污泥矿化程度高，活性及吸附性都较差。一般来说，当SVI<100时，污泥沉降性能良好；当SVI=100~200时，沉降性能一般；而当SVI>200时，沉降性能较差，污泥易膨胀。一般城市污水的SVI在100左右。

三、实验装置与设备

（1）曝气池（图3-7）：1套；

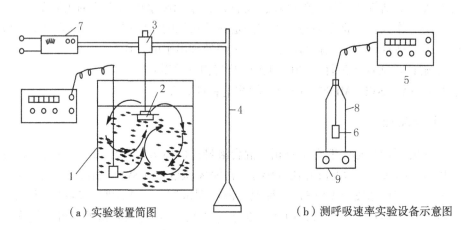

（a）实验装置简图   （b）测呼吸速率实验设备示意图

图3-7　曝气设备充氧能力实验装置

1—模型曝气池；2—泵型叶轮；3—电动机；4—电动机支架；5—溶解氧仪；
6—溶解氧探头；7—稳压电源；8—广口瓶；9—电磁搅拌器

（2）电子分析天平：1台；

（3）烘箱：1台；

（4）马弗炉：1台；

（5）量筒：100mL，1只；

（6）三角烧瓶：250mL，1只；

（7）短柄漏斗：1只；

（8）称量瓶：$\phi40\times70mm$，1只；

（9）瓷坩埚：30mL，1只；

（10）干燥器：1台。

四、实验步骤

（1）将$\phi12.5cm$的定量中速滤纸折好并放入已编号的称量瓶中，在103~105℃的烘箱中烘2h，取出称量瓶，放入干燥器中冷却30min，在电子天平上称重，记下称量瓶编号和质量m_1（g）；

（2）将已编号的瓷坩埚放入马弗炉中，在600℃温度下灼烧30min，取出瓷坩埚，放入干燥器中冷却30min，在电子天平上称重，记下坩埚编号和质量m_2（g）；

（3）用100mL量筒量取曝气池混合液100mL（V_1），静止沉淀30min，观察活性污泥在量筒中的沉降现象，到时记录下沉淀污泥的体积V_2（mL）；

（4）从已知编号和称重的称量瓶中取出滤纸，放置到已插在250mL三角烧瓶上的玻璃漏斗中，取100mL曝气池混合液慢慢倒入漏斗过滤；

（5）将过滤后的污泥连同滤纸一起放入原称量瓶中，在103~105℃的烘箱中烘2h，取出称量瓶，放入干燥器中冷却30min，在电子天平上称重，记下称量瓶编号和质量m_3（g）；

（6）取出称量瓶中已烘干的污泥和滤纸，放入已编号和称重的瓷坩埚中，在600℃温度下灼烧30min，取出瓷坩埚，放入干燥器中冷却30min，在电子天平上称重，记下瓷坩埚编号和质量m_4（g）。

五、实验数据整理

（1）实验数据记录：参考表3-6记录实验数据。

表3-6　　　　　　　　　　　活性污泥评价指标实验记录表

实验日期：＿＿＿＿＿＿＿＿

称量瓶质量/g				瓷坩埚质量/g				挥发分质量/g
编号	m_1	m_3	m_3-m_1	编号	m_2	m_4	m_4-m_2	$(m_3-m_1)-(m_4-m_2)$

（2）污泥沉降比计算

$$SV=\frac{V_2}{V_1}\times100\%（注：V_1一般取100mL）$$

（3）混合液悬浮固体浓度计算。

$$\text{MLSS (g/L)} = \frac{(m_3 - m_1) \times 1000}{V_1}$$

（4）污泥体积指数计算。

$$\text{SVI} = \frac{\text{SV (mL/L)}}{\text{MLSS (g/L)}}$$

（5）混合液挥发性悬浮固体浓度计算。

$$\text{MLVSS (g/L)} = \frac{(m_3 - m_1) - (m_4 - m_2)}{V_1 \times 10^{-3}}$$

六、实验结果与讨论

1. 测污泥沉降比时，为什么要规定静止沉淀 30min？

2. 污泥体积指数 SVI 的倒数表示什么？为什么可以这么说？

3. 当曝气池中 MLSS 一定时，如发现 SVI 大于 200，应采用什么措施？为什么？

4. 对于城市污水来说，SVI 大于 200 或小于 50 各说明什么问题？

实验五　厌氧消化或厌氧生物处理实验

一、实验目的

厌氧消化可用于处理有机污泥和高浓度有机废水（如柠檬酸废水、制浆造纸废水、含硫酸盐废水等），是污水厌氧生物处理的主要方法之一。

厌氧消化过程受 pH 值、碱度、温度、负荷率等因素的影响，产气量与操作条件，污染物种类有关。进行消化设计前，一般都要经过实验室试验来确定该废水是否适于消化处理，能降解到什么程度，消化池可能承受的负荷以及产气量等有关设计参数。因此，掌握厌氧消化实验方法是很重要的。

通过本实验希望达到以下目的：

（1）掌握厌氧消化实验方法；

（2）了解厌氧消化过程 pH 值、碱度、产气量、COD 去除等的变化情况，加深对厌氧消化的影响；

（3）掌握 pH 值、COD 的测定方法。

二、实验原理

厌氧消化过程是在无氧条件下，利用兼性细菌和专性厌氧细菌来降解有机物的处理过程，其终点产物和好氧处理不同：碳素大部分转化成甲烷，氮素转化成氨和氮，硫素转化为硫化氢，中间产物除同化合成为细菌物质外，还合成为复杂而稳定的腐殖质。

厌氧消化过程可分为四个阶段：①水解阶段：高分子有机物在胞外酶作用下进行水解，被分解为小分子有机物；②消化阶段（发酵阶段）：小分子有机物在产酸菌的作用下转变成挥发性脂肪酸（VFA）、醇类、乳酸等简单有机物；③产乙酸阶段：上述产物被进一步转化为乙酸、H_2、碳酸及新细胞物质；④产甲烷阶段：乙酸、H_2、碳酸、甲酸和甲醇等在产甲烷菌作用下被转化为甲烷、二氧化碳和新细胞物质。由于甲烷菌繁殖速度慢，世代周期长，所以这一反应步骤控制了整个厌氧消化过程。

三、实验设备和材料

1. 实验设备

（1）厌氧消化装置（图 3-8）：消化瓶的瓶塞、出气管以及接头处都必须密闭，防止漏气，否则会影响微生物的生长和所产沼气的收集；

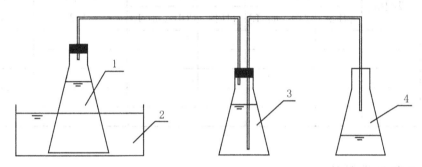

图 3-8　厌氧消化实验装置
1—消化瓶；2—恒温水浴槽；3—集气瓶；4—计量瓶

（2）恒温水浴槽；
（3）COD 测定装置；
（4）酸度计。

2. 实验材料

（1）已培养驯化好的厌氧污泥。
（2）模拟工业废水（本实验采用人工配制的甲醇废水）。

四、实验步骤

（1）配置甲醇废水 400mL 备用。甲醇废水配比如下：甲醇 2%、乙醇 0.2%、NH_4Cl0.05%、甲酸钠 0.5%、$KH_2PO_4$0.025%、pH = 7.0~7.5。

（2）消化瓶内有驯养好的消化污泥混合液 400mL，从消化瓶中倒出 50mL 消化液。

（3）加入 50mL 配置的人工废水，摇匀后盖紧瓶塞，将消化瓶放进恒温水浴槽中，控制温度在 35℃左右。

（4）每隔 2h 摇动一次，并记录产气量，共记录 5 次，填入表 3-7。产气量的计量采用排水集气法。

（5）24h 后取样分析出水 pH 值和 COD，同时分析进水时的 pH 值和 COD，填入表3-8。

表3-7   沼气产量记录表

时间（h）	0	2	4	6	8	10	2h 总产气量
沼气产量（mL）							

表3-8   厌氧消化反应实验记录表

日期	投配率	进水		出水		COD 去除率（%）	沼气产量（mL）
		pH 值	COD（mg/L）	pH 值	COD（mg/L）		

五、实验结果讨论

1. 绘制一天内沼气产率的变化曲线，并分析其原因。
2. 绘制消化瓶稳定运行后沼气产率曲线和 COD 去除曲线。
3. 分析哪些因素会对厌氧消化产生影响，如何使厌氧消化顺利进行。

实验六   活性炭吸附实验

活性炭吸附是目前国内外应用较多的一种水处理工艺，由于活性炭种类多、可去除物质复杂，因此掌握间歇法与连续流法确定活性炭吸附工艺设计参数的方法。

一、实验目的

（1）通过实验进一步了解活性炭的吸附工艺及性能，并熟悉整个实验过程的操作。

（2）掌握用间歇法、连续流法确定活性炭处理污水的设计参数的方法。

二、实验原理

活性炭吸附是目前国内外应用较多的一种水处理手段。由于活性炭对水中大部分污染物都有较好的吸附作用，因此活性炭吸附应用于水处理时往往具有出水水质稳定，适用于多种污水的优点。活性炭吸附常用来处理某些工业污水，在某些特殊情况下也用于给水处理。例如，当给水水源中含有某些不易去除而且含量较少的污染物时，及当某些偏远小居住区尚无自来水厂需临时安装一小型自来水生产装置时，往往使用活性炭吸附装置。但由于活性炭的造价较高，再生过程较复杂，所以活性炭吸附的应用尚具有一定的局限性。

活性炭吸附就是利用活性炭的固体表面对水中一种或多种物质的吸附作用，以达到净化水质的目的。活性炭的吸附作用产生于两个方面：一是由于活性炭内部分子在各个方向都受着同等大小的力，而在表面的分子则受到不平衡的力，这就使其他分子吸附于其表面上，此为物理吸附；二是由于活性炭与被吸附物质之间的化学作用，此为化学吸附。活性炭的吸附是上述两种吸附综合作用的结果。当活性炭在溶液中的吸附速度和解吸速度相等，即单位时间内活性炭吸附的数量等于解吸的数量时，此时被吸附物质在溶液中的浓度和在活性炭表面的浓度均不再变化，而达到了平衡，此时的动平衡称为活性炭吸附平衡，而此时被吸附物质在溶液中的浓度称为平衡浓度。活性炭的吸附能力以吸附量 q 表示。

$$q = \frac{V(C_0 - C)}{M} = \frac{X}{M} \tag{3-5}$$

式中：q——活性炭吸附量，即单位重量的吸附剂所吸附的物质重量，g/g；

V——污水体积，L；

C_0、C——分别为吸附前原水及吸附平衡时污水中的物质浓度，g/L；

X——被吸附物质重量，g；

M——活性炭投加量，g；

在温度一定的条件下；活性炭的吸附量随被吸附物质平衡浓度的提高而提高，两者之间的变化曲线称为吸附等温线，通常用费兰德利希经验式加以表达。

$$q = K \cdot C^{\frac{1}{n}} \tag{3-6}$$

式中：q——活性炭吸附量，g/g；

C——被吸附物质平衡浓度，g/L；

K、h——是与溶液的温度、pH 值以及吸附剂和被吸附物质的性质有关的常数。

K、h 值求法如下：通过间歇式活性炭吸附实验测得 q、C 的相应之值，将式（3-6）取对数后变为下式：

$$\lg q = \lg k = \frac{1}{n} \lg C \tag{3-7}$$

将 q、C 相应值点绘在双对数坐标纸上，所得直线的斜率为 $\frac{1}{n}$，截距则为 k。

由于间歇式静态吸附法处理能力低、设备多，故在工程中多采用连续流活性炭吸附法，即活性炭动态吸附法。

采用连续流法的活性炭层吸附性能可用勃哈特（Bohart）和亚当斯（Adams）所提出的关系式来表达：

$$\ln\left[\frac{C_0}{C} - 1\right] = \ln\left[C \times P\left(\frac{KN_0 D}{V} - 1\right)\right] - KC_0 t \tag{3-8}$$

$$t = \frac{N_0}{C_0 V} D - \frac{1}{C_0 K} \ln\left(\frac{C_0}{C_B} - 1\right) \tag{3-9}$$

式中：t——工作时间，h；

V——流速，m/h；

D——活性炭层厚度，m；

K ——速度常数，L/mg·h；

N_0 ——吸附容量，即达到饱和时被吸附物质的吸附量，mg//L；

C_0 ——进水中被吸附物质浓度，mg/L；

C_B ——允许出水溶质浓度，mg/L。

当工作时间 $t = 0$ 时，能使出水浓度小于 C_B 的炭层理论深度称为活性炭层的临界深度，其值由上式 $t = 0$ 推出：

$$D_0 = \frac{V}{KN_0} \ln \left(\frac{C_0}{C_B} - 1 \right) \tag{3-10}$$

炭柱的吸附容量（N）和速度常数（K），可通过连续流活性炭吸附实验并利用式 (3-9) t-D 线性关系回归或作图法求出。

三、实验设备及器具

（1）间歇式活性炭吸附实验装置如图 3-9 所示；

（2）连续流活性炭吸附实验装置如图 3-10 所示；

（3）间歇与连续流实验所需设备及用具。

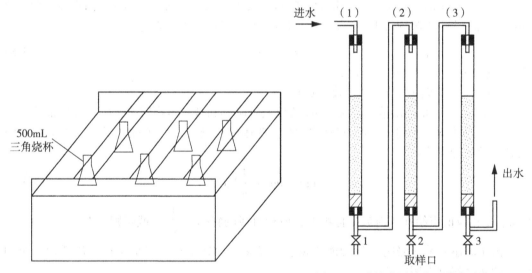

图 3-9 间歇式活性炭吸附实验装置

图 3-10 连续流活性炭吸附实验装置

a. 康氏振荡器一台。

b. 500mL 三角烧杯 6 个；

c. 烘箱；

d. COD、SS 等测定分析装置，玻璃器皿、滤纸等。

e. 有机玻璃炭柱 $d = 20 \sim 30$mm，$H = 1.0$m；

f. 活性炭；

g. 配水及投配系统。

四、实验步骤及记录

1. 间歇式活性炭吸附实验

（1）将某污水用滤布过滤，去除水中悬浮物，或自配污水，测定该污水的 COD、pH、SS 等值。

（2）将活性炭放在蒸馏水中浸 24h，然后放在 105℃烘箱内烘至恒重，再将烘干后的活性炭压碎，使其成为能通过 200 目以下筛孔的粉状炭。因为粒状活性炭要达到吸附平衡耗时太长，往往需数日或数周，为了使实验能在短时间内结束，所以多用粉状炭。

（3）在 6 个 500mL 的三角烧瓶中分别投加 0、100、200、300、400、500mg 粉状活性炭。

（4）在每个三角烧瓶中投加同体积的过滤后的污水，使每个烧瓶中的 COD 浓度与活性炭浓度的比值在 0.05~5.0 之间（没有投加活性炭的烧瓶除外）。

（5）测定水温，将三角烧瓶放在振荡器上振荡，当达到吸附平衡（时间延至滤出液的有机物浓度 COD 值不再改变）时即可停止振荡（振荡时间一般为 30min 以上）。

（6）过滤各三角烧瓶中的污水，测定其剩余 COD 值，求出吸附量 x。

实验记录如表 3-9 所示。

表 3-9　　　　　　　　　　　　　活性炭间歇吸附实验记录

序号	原污水				出水			污水体积(mL)或(L)	活性炭投加量(mg)或(g)	COD去除率（%）	备注
	COD（mg/L）	pH 值	水温℃	SS（mg/L）	COD（mg/L）	pH 值	SS（mg/L）				

2. 连续流活性炭吸附实验

（1）将某污水过滤或配制一种污水，测定该污水的 COD、pH 值、SS、水温等各项指标并记入表 3-10。

（2）在内径为 20~30mm，高为 1000mm 的有机玻璃管或玻璃管中装入 500~750mm 高的经水洗烘干后的活性炭。

表 3-10　　　　　　　　　　　　　连续流炭柱吸附实验记录

原水 COD 浓度(mg/L)_____	允许出水浓度 C_B(mg/L))= _____
水温 T(℃)= _____	pH = _____ SS = _____(mg/L)
进流率 q(m³/m²·h)= _____	滤　速 V(m/h)= _____
炭柱厚 D_1= _____ D_2= _____ D_3= _____	

工作时间	出水水质		
t(h)	柱 1	柱 2	柱 3

(3)以 40～200mL/min 的流量(具体可参考水质条件而定),按升流或降流的方式运行(运行时炭层中不应有空气气泡)。本实验装置为降流式。实验至少要用三种以上的不同流速 V 进行。

(4)在每一流速运行稳定后,每隔 10～30min 由各炭柱取样,测定出水 COD 值,至出水中 COD 浓度达到进水中 COD 浓度的 0.9～0.95 为止。并将结果记于表 3-10 中。

五、数据整理与处理分析

1. 间歇式活性炭吸附实验

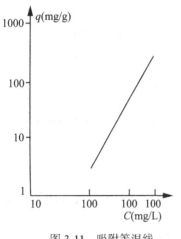

图 3-11　吸附等温线

(1)按表 3-9 记录的原始数据进行计算,计算吸附量 q。

(2)利用 q-C 相应数据和式(3-6),经回归分析求出 K、n 值或利用作图法,将 C 和相应的 q 值在双对数坐标纸上绘制出吸附等温线,直线斜率为 $\frac{1}{n}$、截距为 k,如图 3-11 所示。

$\frac{1}{n}$ 值越小活性炭吸附性能越好,一般认为当 $\frac{1}{n}$ = 0.1～0.5 时,水中欲去除杂质易被吸附;$\frac{1}{n}$>2 时难于吸附。当 $\frac{1}{n}$ 较小时多采用间歇式活性炭吸附操作;当 $\frac{1}{n}$ 较大时,最好采用连续流活性炭吸附操作。

2. 连续流活性炭吸附实验

(1)求各流速下 K、N_0 值。

1)将实验数据记入表 3-10,并根据 t-C 关系确定当出水溶质浓度等于 C_B 时各柱的工作时间 t_1、t_2、t_3。

2)根据式(3-9)以时间 t_i 为纵坐标,以炭层厚 D_t 为横坐标,点绘 t、D 值,直线截距为

$$\frac{\ln\left(\frac{C_0}{C_B}-1\right)}{K \cdot C_0}$$

斜率为 $N_0/C_0 \cdot V$。 如图 3-12 所示。

3)将已知 C_0、C_B、V 等值代入,求出流速常数 K 和吸附常量 N_0 值。

4)根据式(3-6)求出每一流速下炭层临界深度值 D_0 值。

5)按表 3-11 给出各滤速下炭吸附设计参数 K、D_0、N_0 值,或绘制成如图 3-13 所示的图,以供活性炭吸附设备设计时参考。

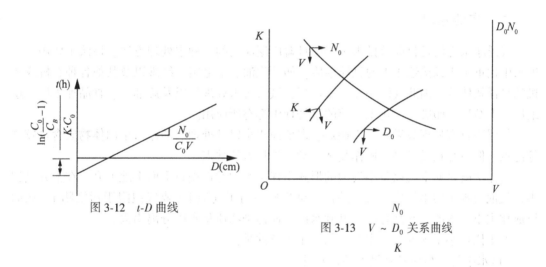

图 3-12 t-D 曲线

图 3-13 $V \sim D_0$ 关系曲线

表 3-11　　　　　　　　　　　　　活性炭吸附实验结果

流速 V(m/h)	N_0(mg/L)	K(L/mg·h)	D_0(m)

六、思考题

1. 吸附等温线有什么现实意义,作吸附等温线时为什么要用粉状炭?

2. 连续流的升流式和降流式运动方式各有什么缺点?

实验七　加压溶气气浮实验

在水处理工程中，固-液分离是一种很重要、常用的物理方法。气浮法是固-液分离的方法之一，它常被用来分离密度小于或接近于水、难以用重力自然沉降法去除的悬浮颗粒。气浮实验是研究比重近于1或小于1的悬浮颗粒与气泡黏附上升，从而起到水质净化作用的规律，测定工程中所需的某些有关设计参数，选择药剂种类、数量等，以便为设计运行提供一定的理论依据。

一、实验目的

(1)进一步了解和掌握气浮净水方法的原理，了解压力溶气气浮法处理废水的工艺流程；

(2)了解溶气水回流比对处理效果的影响；

(3)掌握悬浮物的测定方法。

二、实验原理

气浮净水方法是目前给排水工程中日益广泛应用的一种水处理方法。该法主要用于处理水中比重小于或接近于1的悬浮杂质，如乳化油、羊毛脂、纤维以及其他各种有机或无机的悬浮絮体等。因此气浮法在自来水厂、城市污水处理厂以及炼油厂、食品加工厂、造纸厂、毛纺厂、印染厂、化工厂等的水处理中都有所应用。

气浮法具有处理效果好、周期短、占地面积小以及处理后的浮渣中固体物质含量较高等优点。但也存在设备多、操作复杂、动力消耗大的缺点。

气浮法就是使空气以微小气泡的形式出现于水中并慢慢自下而上地上升，在上升过程中，气泡与水中污染物质接触，并把污染物质黏附于气泡上(或气泡附于污染物上)从而形成比重小于水的气水结合物浮升到水面，使污染物质从水中分离出去。

产生比重小于水的气、水结合物的主要条件是：

(1)水中污染物质具有足够的憎水性。

(2)加入水中的空气所形成气泡的平均直径不宜大于$70\mu m$。

(3)气泡与水中污染物质应有足够的接触时间。

气浮法按水中气泡产生的方法可分为布气气浮、溶气气浮和电气浮几种。由于一般布气气浮气泡直径较大，气浮效果较差，而电气浮气泡直径虽不大但耗电较多，因此在目前应用气浮法的工程中，以加压溶气气浮法采用最多。

加压溶气气浮法就是使空气在一定压力的作用下溶解于水，并达到饱和状态，然后使加压水表面压力突然减到常压，此时溶解于水中的空气便以微小气泡的形式从水中逸出来。这样就产生了供气浮用的合格的微小气泡。

加压溶气气浮法根据进入溶气罐的水的来源，又分为无回流系统与有回流系统加压溶气气浮法，目前生产中广泛采用后者。

影响加压溶气气浮的因素很多，如空气在水中溶解量、气泡直径的大小、气浮时间、水质、药剂种类与加药量，表面活性物质种类、数量等。因此，采用气浮法进行水质处理时，需通过实验测定一些有关的设计运行参数。

气浮法主要用于洗煤废水、含油废水、造纸和食品等废水的处理。

三、实验水样

自配模拟水样。

四、实验设备及工艺流程

加压溶气气浮试验装置及工艺流程见图 3-14。

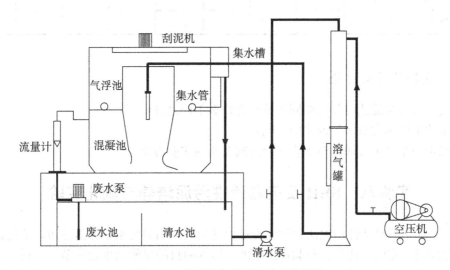

图 3-14　加压溶气气浮试验工艺流程

五、实验步骤

(1)熟悉实验工艺流程。

(2)废水用 6mol/L 的 NaOH 溶液调至 pH = 8~9，在 500mL 的量筒内分别加入废水 200、250、300、350、400mL。

(3)启动废水泵，将混凝池和气浮池注满水。

(4)启动空气压缩机，待气泵内有一定压力时开启清水泵，同时向加压溶气罐内注水、进气，打开溶气罐的出水阀。

(5)迅速调节进水量使溶气罐内的水位保持在液位计的 2/3 处，压力为 0.3~0.4MPa。如进气量过大，液位基本保持稳定，直到释放器释放出含有大量微气泡的乳白色的溶气水。观察实验现象。

(6)向各水样中加入混凝剂，使其浓度为 250~350mg/L，并搅拌均匀。

(7)从溶气罐取样口向各水样中注入溶气水，使最终体积为 500mL。静置 20~30min，取样测定色度。实验数据填入表 3-12。

（8）根据实验数据绘制色度去除率与回流比之间的关系曲线。

表 3-12　　　　　　　　　　　加压溶气气浮实验记录表

废水体积(mL)		0	200	250	300	350	400	450	备注
溶气水体积(mL)									
回流比									
气浮时间(min)									
色度	原水								
	出水								
色度去除率(%)									

六、试验结果与讨论

1. 气浮法与沉淀法有什么相同之处？有什么不同之处？
2. 试述工作压力对溶气效率的影响；
3. 拟定一个测定气固比与工作压力之间关系的实验方案。

实验八　SBR 反应器活性污泥培养与驯化实验

活性污泥培养是活性污泥法生物处理过程开始时利用粪便水培养活性污泥的过程。活性污泥是通过一定的方法培养与驯化出来的。培养的目的是使微生物增殖，达到一定的污泥浓度；驯化则是对混合微生物群进行淘汰和诱导，使具有降解废水活性的微生物占优势。

一、实验目的

（1）通过观察完全混合式活性污泥处理系统的运行，加深对该处理系统的特点和运行规律的认识。

（2）通过对模型实验系统的调试和控制，初步培养进行小型实验的基本技能。

（3）熟悉和了解活性污泥处理系统中的控制方法，进一步理解污泥负荷、污泥龄、溶解氧浓度等控制参数及在实际运行中的作用和意义。

（4）观察活性污泥生物相，学会采集工艺设计参数(如反应器中溶解氧、COD 浓度的变化等)。

二、实验原理

在活性污泥中，除了微生物外，还含有一些无机物和分解中的有机物。微生物和有机物构成活性污泥的挥发性部分(即挥发性活性污泥)，它占全部活性污泥的 70%~80%。活性污泥的含水率一般在 98%~99%。它具有很强的吸附和氧化分解有机物的能力。

通过一定的方法培养活性污泥能使微生物增殖，达到一定的污泥浓度；通过驯化活性污泥则是对混合微生物群进行选择和诱导，使具有降解污水中污染物活性的微生物占优势。

活性污泥法是污水处理的主要方法之一。从国内对污水处理的现状来看，95%以上的城市污水和几乎所有的有机工业废水都采用活性污泥法来处理。因此，了解和掌握活性污泥处理系统的特点和运行规律以及实验方法是很重要的。对于特定的处理系统，在一定的环境条件下，运行的控制因素有污泥负荷、污水停留时间、曝气池中溶解氧浓度、污泥排放量等，这些参数也是设计污水处理厂的重要参考资料。

三、实验设备与材料

菌种和培养液、SBR 反应器装置、COD 测定仪、取样管、pH 值、溶解氧测定仪，除了采用纯菌种外，活性污泥菌种大多取自粪便污水、生活污水或性质相近的工业废水处理厂二沉池剩余污泥。培养液一般由上述菌液和诱导比例的营养物如淘米水、尿素或磷酸盐等组成。SBR 培养驯化池(容器配有出水与进水计量管道系统)。

四、实验要求

(1)全面了解 SBR 反应器的结构和运行周期；
(2)学会测定活性污泥浓度、COD、pH 值、溶解氧；
(3)整理实验数据、分析单因素对实验结果的影响规律；
(4)掌握污泥负荷、容积负荷和去除负荷计算方法；
(5)按要求编写实验报告。
①绘制溶解氧浓度与反应时间之间的变化关系曲线；
②绘制反应时间与 COD 去除率或者出水浓度的关系曲线；
③绘制曝气量与 COD 去除率或者出水浓度的关系曲线；
④计算反应器的污泥负荷和容积负荷；
⑤描述污泥中微生物的镜检结果；
⑥在活性污泥小型实验的操作运行中，必须严格控制以下几个参数。
a. COD-污泥负荷 N_s。

$$N_s = \frac{QL_a}{xV} [\text{kgCOD}/(\text{kgMLSS d})]$$

b. 曝气池时间 t。

$$t = \frac{V}{Q} (\text{h})$$

c. 污泥龄或生物固体平均停留时间 θ_c。

$$\theta_c = \frac{xV}{Q_w X_w + (Q - Q_w) X_e} \approx \frac{xV}{Q_w X_w} (\text{d})$$

式中：Q——污水流量；
V——曝气池容积；

x——混合液(即活性污泥)浓度;

Q_w——每天排放的污泥量;

X_w——排放的污泥浓度;

X_e——随出水流失的污泥浓度。

五、实验方案与步骤

1. 接种菌种

(1)接种菌种是指利用微生物消化功能的工艺单元,如主要有水解、厌氧、缺氧、好氧工艺单元,接种是对上述单元而言的。

(2)依据微生物种类的不同,应分别接种不同的菌种。

(3)接种量的大小:厌氧污泥接种量一般不应少于水量的8%~10%,否则,将影响启动速度;好氧污泥接种量一般应不少于水量的5%。只要按照规范施工,厌氧、好氧菌可在规定范围正常启动。

(4)启动时间:应特别说明,菌种、水温及水质条件,是影响启动周期长短的重要条件。一般来讲,在低于20℃的条件下,接种和启动均有一定的困难,特别是冬季运行时更是如此。因此,建议冬季运行时污泥分两次投加,水解酸化池中活性污泥投加比例为8%(浓缩污泥),曝气池中活性污泥的投加比例为10%(浓缩污泥,干污泥为8%),在不同的温度条件下,投加的比例不同。投加后按正常水位条件,连续闷曝(曝气期间不进水)7d后,检查处理效果,在确定微生物生化条件正常时,方可小水量连续进水25d,待生化效果明显或气温明显回升时,再次向两池分别投加10%活性污泥,生化工艺才能正常启动。

(5)菌种来源:厌氧污泥主要来源于已有的厌氧工程,如啤酒厌氧发酵工程、农村沼气池、鱼塘、泥塘、护城河清淤污泥;好氧污泥主要来自城市污水处理厂,应取当日脱水的活性污泥作为好氧菌种,接种污泥且按此顺序确定优先级。

①同类污水处理厂的剩余污泥或脱水污泥;

②城市污水处理厂的剩余污泥或脱水污泥;

③其他不同类污水站的剩余污泥或脱水污泥;

④河流或湖泊底部污泥;

⑤粪便污泥上清液。

2. 驯化培养

培养驯化方法可归纳为异步培驯法、同步培驯法和接种培驯法。异步法即先培养后驯化;同步法则培养和驯化同时进行或交替进行;接种法系利用其他污水处理厂的剩余污泥,再进行适当培驯。对城市污水一般都采用同步培驯法。在培养和驯化期间,应保证良好的微生物生长繁殖条件,如温度(15~35℃)、DO(0.5~3mg/L)、pH值(6.5~7.5)、营养比等。培养周期决定于水质及培养条件。培菌是使微生物的数量增加,达到一定的污泥浓度。驯化是对混合微生物群进行淘汰和诱导,不能适应环境条件和处理废水特性的微生物被淘汰或抑制，使具有分解特定污染物活性的微生物得到发育。活性污泥的培菌和驯化在实验前由实验教师完成。

(1)驯化条件。

一般来讲，微生物生长条件不能发生骤然的突出变化，常规讲要有一个适应过程，驯化过程应当与原生长条件尽量一致，当条件不具备时，一般用常规生活污水作为培养水源，驯化时温度不低于20℃，驯化采取连续闷曝3~7d，并在显微镜下检查微生物生长状况，或者依据长期实践经验，按照不同的工艺方法(如活性污泥、生物膜等)，观察微生物生长状况，也可用检查进出水 COD 大小来判断生化作用的效果。

(2)驯化方式。

①驯化条件具备后，在连续运行已见到效果的情况下，采用递增污水进水量的方式，使微生物逐步适应新的生活条件，递增幅度的大小按厌氧、好氧工艺及现场条件有所不同。好氧正常启动可在 10~20d 内完成，递增比例为 5%~10%；而厌氧进水递增比例则要小得多，一般应控制挥发酸(VFA)浓度不大于 1000mg/L，且厌氧池中 pH 值应保持在6.5~7.5 范围内，不要产生太大的波动，在这种情况下水量才可慢慢递增。一般来讲，厌氧从启动到转入正常运行(满负荷量进水)需要 3~6 个月才能完成。

②厌氧、好氧、水解等生化工艺是个复杂的过程，每个过程都会有自己的特点，需要根据现场条件加以调整。

③编制必要的化验和运转的原始记录报表以及初步的建章立制。从培菌伊始，逐步建立较规范的组织和管理模式，确保启动与正式运行的有序进行。

3. 注意事项

(1)活性污泥培菌过程中，应经常测定进水的 pH 值、COD、氨氮和曝气池溶解氧、污泥沉降性能等指标。活性污泥初步形成后，就要进行生物相观察，根据观察结果对污泥培养状态进行评估，并动态调控培菌过程。

(2)活性污泥的培菌应尽可能在温度适宜的季节进行。因为温度适宜，微生物生长快，培菌时间短。若只能在冬季培菌，则应该采用接种培菌法，所需的种污泥要比春秋季多。

(3)培菌过程中，特别是污泥初步形成以后，要注意防止污泥过度自身氧化，特别是在夏季。有不少污水处理厂都发生过此类情况。这不仅增加了培菌时间和费用，甚至会导致污水处理系统无法按期投入运行。要避免污泥自身氧化，控制曝气量和曝气时间是关键，要经常测定池内的溶解氧含量，及时进水以满足微生物对营养的需求。若进水浓度太低，则要投加大粪等以补充营养，条件不具备时可采用间歇曝气。

(4)活性污泥培菌后期，适当排出一些老化污泥有利于微生物进一步生长繁殖。

(5)当曝气池中污泥已培养成熟，但仍没有废水进入时，应停止曝气使污泥处于休眠状态，或间歇曝气(延长曝气间隔时间、减少曝气量)，以尽可能降低污泥自身氧化的速度。有条件时，应投加大粪、无毒性的有机下脚料(如食堂泔脚)等营养物。

六、培养与驯化阶段检测主要影响因素与测定分析

在培养与驯化及运行过程中有许多影响水处理效果的因素，主要有进水 COD_{cr} 浓度、pH 值、温度、溶解氧等，所以对整个系统通过感官判断和化学分析方法进行监测是必不可少的。根据监测分析的结果对影响因素进行调整，使处理达到最佳培养驯化效果。

1. 温度

温度是影响整个工艺处理的主要环境因素，各种微生物都在特定范围的温度内生长。生化处理的温度范围在 10~40℃，最佳温度在 20~30℃。任何微生物只能在一定温度范围内生存，在适宜的温度范围内可大量生长繁殖。在污泥培养时，要将它们置于最适宜温度条件下，使微生物以最快的生长速率生长，过低或过高的温度会使代谢速率缓慢、生长速率也缓慢，过高的温度对微生物有致死作用。

2. pH 值

微生物的生命活动、物质代谢与 pH 值密切相关。大多数细菌、原生动物的最适宜 pH 值为 6.5~7.5，在此环境中生长繁殖最好，它们对 pH 值的适应范围为 4~10。而活性污泥法处理废水的曝气系统中，作为活性污泥的主体，菌胶团细菌在 6.5~8.5 的 pH 值条件下可产生较多黏性物质，形成良好的絮状物。

3. 营养物质

废水中的微生物要不断地摄取营养物质，经过分解代谢(异化作用)使复杂的高分子物质或高能化合物降解为简单的低分子物质或低能化合物，并释放出能量；通过合成代谢(同化作用)利用分解代谢所提供的能量和物质，转化成自身的细胞物质；同时将产生的代谢废物排泄到体外。

水、碳源、氮源、无机盐及生长因素为微生物生长的条件。废水中应按 $BOD_5 : N : P = 100 : 4 : 1$ 的比例补充氮源、含磷无机盐，为活性污泥的培养创造良好的营养条件。

4. 悬浮物质 SS

污水中含有大量的悬浮物，通过预处理悬浮物已大部分去除，但也有部分不能降解，曝气时会形成浮渣层，但不影响系统对污水的处理。

5. 溶解氧量 DO

好氧的生化细菌属于好氧性的。氧对好氧微生物有两个作用：①在呼吸作用中氧作为最终电子受体；②在醇类和不饱和脂肪酸的生物合成中需要氧。且只有溶于水的氧(称溶解氧)微生物才能利用。

在活性污泥的培养中，DO 的供给量要根据活性污泥的结构状况、浓度及废水的浓度综合考虑。具体说来，也就是通过观察显微镜下活性污泥的结构即成熟程度，测量曝气池混合液的浓度、监测曝气池上清液中 COD_{cr} 的变化来确定。根据经验，在培养初期 DO 控

制在 1~2mg/L,这是因为菌胶团此时尚未形成絮状结构,氧供应过多,使微生物代谢活动增强,营养供应不上而使污泥自身产生氧化,促使污泥老化。在污泥培养成熟期,要将 DO 提高到 3~4mg/L 左右,这样可使污泥絮体内部微生物也能得到充足的 DO,具有良好的沉降性能。在整个培养过程中要根据污泥培养情况逐步提高 DO。

特别注意 DO 不能过低,DO 不足,好氧微生物得不到足够的氧,正常的生长规律将受到影响,新陈代谢能力降低,而同时对 DO 要求较低的微生物将应运而生,这样正常的生化细菌培养过程将被破坏。

6. 混合液 MLSS 浓度

微生物是生物污泥中有活性的部分,也是有机物代谢的主体,在生物处理工艺中起主要作用,而混合液污泥 MLSS 的数值可以大概表示活性部分的多少。对高浓度有机污水的生物处理一般均需保持较高的污泥浓度,本工程调试运行期间 MLSS 范围在:4.4~5.6 g/L 之间,最佳值为 4.8g/L 左右。

7. 进水 COD_{cr} 浓度

进水中有机物浓度对处理影响很大。

8. 污泥的生物相镜检

活性污泥处于不同的生长阶段,各类微生物也呈现出不同的比例。细菌承担着分解有机物的基本和基础的代谢作用,而原生动物(也包括后生动物)则吞食游离细菌。污水调试运行期间出现的微生物种类繁多,有细菌、绿藻等藻类、原生动物和后生动物,原生动物有太阳虫、盖纤虫、累枝虫等,后生动物出现了线虫。调试运行后期混合液中固着型纤毛虫,如累校虫的大量存在,说明处理系统有良好的出水水质。

9. 污泥指数 SVI

污泥指数 SVI,正常运行时污泥指数在 80L/mg 左右。

七、运行 SBR 反应器

整体 SBR 运行周期包括 5 个步骤:
a. 进水期:采用限量曝气的短时间进水方式(进水时也可不曝气)。
b. 反应期:开始曝气,使活性污泥处于悬浮状态,曝气时间 3h。当反应器内污泥均匀分布时,取一定的水样测定活性污泥浓度。
c. 沉淀期:停止曝气,静置 1h。
d. 排水排泥期:利用滗水器排水到反应器约 1/2 处,用排泥管排出适量污泥,用时 0.5h。
e. 闲置期。

1. 反应时间对 COD 去除的影响和溶解氧变化规律的观察

短时间进水(有实验员提前准备水样)以后开始计时，每隔 0.5h 测一次水样 COD 和 DO 值填入表 3-13 并分析反应时间对 COD 去除的影响规律。

表 3-13   实验曝气量_____

时间(h)	原水	0.5	1	2	1.5	2	2.5	3	3.5	4	出水
COD(mg/L)											
DO(mg/L)											
SV											
MLSS											
镜相											

2. 曝气量对 COD 去除的影响

不同的小组在曝气阶段采用不同的曝气量，几个小组(如 4 个)之间互用数据，分析曝气量对污水处理效果的影响(分析比较一个周期完成后反应器出水的 COD 值)。

3. 出水水质指标检测

测定出水的 pH 值：____；COD：_____mg/L；悬浮物(SS)：_____mg/L。

4. 观察活性污泥生物相

在闲置期取少量剩余污泥制成涂片，在显微镜下观察活性污泥生物相。(只用文字描述)

八、相关专业知识

SBR 是序批间歇式活性污泥法(又称序批式反应器，Sequencing Batch Reactor)的简称。序批间歇式活性污泥法工艺由按一定时间顺序间歇操作运行的反应器组成。SBR 工艺的一个完整的操作过程，亦即每个间歇反应器在处理废水时的操作过程，包括五个阶段，分别称为进水期(或称充水期)、反应期、沉淀期、排水排泥期和闲置期。图 3-15 所示为 SBR 处理工艺一个运行周期内的操作过程示意图，SBR 的运行工况以间歇操作为主要特征。

下面就这五个操作过程简述如下：

1. 进水期

将原污水或经过预处理以后的污水加入 SBR 反应器。

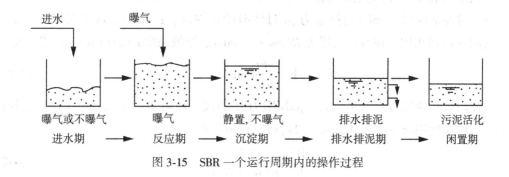

图 3-15 SBR 一个运行周期内的操作过程

2. 反应期

反应期是在进水期结束后或 SBR 反应器充满水后进行曝气，如同连续式完全混合活性污泥法一样，对有机污染物进行生物降解。

3. 沉淀期

和传统活性污泥法处理工艺一样，沉降过程的功能是澄清出水、浓缩污泥。

4. 排水排泥期

即 SBR 反应器中的混合液在经过一定时间的沉降后，将反应器中的上清液排出反应器，然后将相当于反应过程中生长而产生的污泥量排出反应器，以保持反应器内污泥的数量一定。

5. 闲置期

闲置期的功能是在静置无进水的条件下，使微生物通过内源呼吸作用恢复其活性，并起到一定的反硝化作用而进行脱氮，为下一个运行周期创造良好的条件。

实验九　污泥比阻的测定实验

一、实验目的

(1)通过实验掌握污泥比阻的测定方法。
(2)掌握用布氏漏斗实验选择混凝剂。
(3)掌握确定污泥的最佳混凝剂投加量。

二、实验原理

污泥比阻是表示污泥过滤特性的综合性指标，它的物理意义是：单位质量的污泥在一定压力下过滤时在单位过滤面积上的阻力。求此值的作用是比较不同的污泥(或同一污泥加入不同量的混凝剂后)的过滤性能。污泥比阻愈大,过滤性能愈差。

过滤时滤液体积 $V(\text{mL})$ 与推动力 p(过滤时的压强降,g/cm^2)、过滤面积 $F(\text{cm}^2)$、过滤时间 $t(\text{s})$ 成正比;而与过滤阻力 $R(\text{cm}\cdot\text{s}^2/\text{mL})$、滤液黏度 $\mu[\text{g}/(\text{cm}\cdot\text{s})]$ 成反比。

$$V = \frac{pFt}{\mu R}(\text{mL}) \tag{3-11}$$

过滤阻力包括滤渣阻力 R_z 和过滤隔层阻力 R_g 构成。而阻力只随滤渣层的厚度增加而增大,过滤速度则减少。因此将式(3-11)改写成微分形式。

$$\frac{\mathrm{d}V}{\mathrm{d}t} = \frac{pF}{\mu(R_z + R_g)} \tag{3-12}$$

由于 R_g 比 R_z 相对较小,为简化计算,姑且忽略不计。

$$\frac{\mathrm{d}V}{\mathrm{d}t} = \frac{pF}{\mu\alpha'\delta} = \frac{pF}{\mu\alpha\frac{C'V}{F}} \tag{3-13}$$

式中:α'——单位体积污泥的比阻;

δ——滤渣厚度;

C'——获得单位体积滤液所得的滤渣体积。

如以滤渣干重代替滤渣体积,单位质量污泥的比阻代替单位体积污泥的比阻,则(3-13)式可改写为

$$\frac{\mathrm{d}V}{\mathrm{d}t} = \frac{pF^2}{\mu\alpha CV} \tag{3-14}$$

式中:α 为污泥比阻,在 CGS 制中,其量纲为 s^2/g,在工程单位制中其量纲为 cm/g。在定压下,在积分界线由 $0\sim t$ 及 $0\sim V$ 内对式(3-14)积分,可得

$$\frac{t}{V} = \frac{\mu\alpha C}{2pF^2}\cdot V \tag{3-15}$$

式(3-15)说明在定压下过滤,t/V 与 V 成直线关系,其斜率为

$$b = \frac{t/V}{V} = \frac{\mu\alpha C}{2pF^2}$$

$$\alpha = \frac{2pF^2}{\mu}\cdot\frac{b}{C} = K\frac{b}{C} \tag{3-16}$$

需要在实验条件下求出 b 及 C。

b 的求法。可在定压下(真空度保持不变)通过测定一系列的 $t\sim V$ 数据,用图解法求斜率(见图3-16)。

C 的求法。根据所设定义:

$$C = \frac{(Q_0 - Q_y)C_d}{Q_y}(\text{g 滤饼干重}/\text{mL 滤液}) \tag{3-17}$$

式中:Q_0——污泥量,mL;

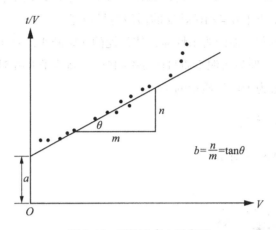

图 3-16　图解法求 b 示意图

$$b = \frac{n}{m} = \tan\theta$$

　　Q_y——滤液量，mL；

　　C_d——滤饼固体浓度，g/mL。

　　根据液体平衡：　　　　　　　$Q_0 = Q_y + Q_d$

　　根据固体平衡：　　　　　　$Q_0 C_0 = Q_y C_y + Q_d C_d$

式中：C_0——污泥固体浓度，g/mL；

　　　C_y——污泥固体浓度，g/mL；

　　　Q_d——污泥固体滤饼量，mL。

可得

$$Q_y = \frac{Q_0(C_0 - C_d)}{C_y - C_d}$$

代入式(3-17)，化简后得

$$C = \frac{(Q_0 - Q_y)C_d}{Q_y}(g\,率饼干重/mL\,滤液) \tag{3-18}$$

　　上述求 C 值的方法，必须测量滤饼的厚度方可求得，但在实验过程中测量滤饼厚度是很困难的且不易量准，故改用测滤饼含水比的方法求 C 值。

$$C = \frac{1}{\dfrac{100 - C_i}{C_i} - \dfrac{100 - C_f}{C_f}}(g\,滤饼干重/mL\,滤液)$$

式中：C_i——100g 污泥中的干污泥量；

　　　C_f——100g 滤饼中的干污泥量。

　　例如污泥含水比97.7%，滤饼含水率为80%。

$$C = \frac{1}{\dfrac{100 - 2.3}{2.3} - \dfrac{100 - 20}{20}} = \frac{1}{38.48} = 0.0260(g/mL)$$

一般认为比阻在 $10^9 \sim 10^{10} \mathrm{s}^2/\mathrm{g}$ 的污泥算作难过滤的污泥，比阻在 $(0.5 \sim 0.9) \times 10^9 \mathrm{s}^2/\mathrm{g}$ 的污泥算作中等，比阻小于 $0.4 \times 10^9 \mathrm{s}^2/\mathrm{g}$ 的污泥容易过滤。

投加混凝剂可以改善污泥的脱水性能，使污泥的比阻减小。对于无机混凝剂如 $FeCl_3$，$Al_2(SO_4)_3$ 等投加量，一般为污泥干质量的 5%~10%，高分子混凝剂如聚丙烯酰胺，碱式氯化铝等，投加量一般为干污泥质量的 1%。

三、实验设备与试剂

(1)实验装置如图 3-17 所示。

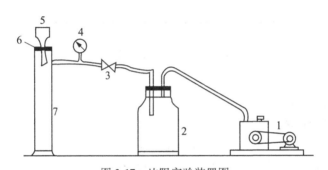

图 3-17   比阻实验装置图

1—真空泵；2—吸滤瓶；3—真空调节阀；4—真空表；
5—布式漏斗；6—吸滤垫；7—计量管

(2)秒表；滤纸。

(3)烘箱。

(4)$FeCl_3$、$Al_2(SO_4)_3$。

(5)布氏漏斗。

四、实验方法与操作步骤

(1)测定污泥的含水率，求出其固定浓度 C_0。

(2)配制 $FeCl_3(10\mathrm{g/L})$ 和 $Al_2(SO_4)_3(10\mathrm{g/L})$ 混凝剂。

(3)用 $FeCl_3$ 混凝剂调节污泥(每组加一种混凝剂)，加量分别为干污泥质量的 0%(不加混凝剂)，2%，4%，6%，8%，10%。

(4)在布氏漏斗上(直径 65~80mm)放置滤纸，用水润湿，贴紧周底。

(5)开动真空泵，调节真空压力，大约比实验压力小 1/3[实验时真空压力采用 266mmHg(35.46kPa)或 532mmHg(70.93kPa)]关掉真空泵。

(6)加入 100mL 需实验的污泥于布氏漏斗中，开动真空泵，调节真空压力至实验压力；达到此压力后，开始启动秒表，并记下开动时计量管内的滤液 V_0。

（7）每隔一定时间（开始过滤时可每隔10s或15s，滤速减慢后可隔30s或60s）记下计量管内相应的滤液量。

（8）一直过滤至真空破坏，如真空长时间不破坏，则过滤20min后即可停止。

（9）关闭阀门取下滤饼放入称量瓶内称量。

（10）称量后的滤饼于105℃的烘箱内烘干称量。

（11）计算出滤饼的含水比，求出单位体积滤液的固体量 C_0。

（12）量取加 $Al_2(SO_4)_3$ 混凝剂的污泥（每组的加量与 $FeCl_3$ 量相同）及不加混凝剂的污泥，按实验步骤（2）~（11）分别进行实验。

五、实验报告记载及数据处理

（1）测定并记录实验基本参数。

参数包括：

a. 实验日期；

b. 原污泥的含水率及固体浓度 C_0；

c. 实验真空度（mmHg）；

d. 不加混凝剂的滤饼的含水率；

e. 加混凝剂滤饼的含水率。

（2）将布氏漏斗实验所得数据按表3-14记录并计算。

表 3-14 布氏漏斗实验所得数据

时间/s	计量管滤液量 V'/mL	滤液量 $V = V'-V_0$/mL	$\dfrac{t}{V}$ /(s/mL)	备注

（3）以 t/V 为纵坐标，V 为横坐标作图，求 b。

（4）根据原污泥的含水率及滤饼的含水率求出 C。

（5）列表计算比阻值 α（表3-15 比阻值计算表）。

（6）以比阻为纵坐标，混凝剂投加量为横坐标，作图求出最佳投加量。

表 3-15 比阻值计算表

污泥含水比(%)	污泥固体浓度(g/cm³)	混凝剂用量(%)	lg2 = $\frac{n}{m}$ = b (s/cm⁶)	$k = \dfrac{2pF^2}{\mu}$						皿+滤纸量(g)	皿+滤纸滤饼湿重(g)	皿+滤纸滤饼干重(g)	滤饼含水比(%)	单位面积滤液的固体量 C (g/cm³)	比阻值 α (s²/g)
				布氏漏斗 d(cm)	过滤面积 F(cm²)	面积平方 F²(cm⁴)	滤液黏度 μ[g/(cm·s)]	真空压力 p(g/cm²)	K值 (s·cm³)						

六、注意事项

(1)检查计量管与布氏漏斗之间是否漏气。

(2)滤纸称量烘干,放到布氏漏斗内,要先用蒸馏水湿润,而后再用真空泵抽吸一下,滤纸要贴紧不能漏气。

(3)污泥倒入布氏漏斗内时,有部分滤液流入计量筒,所以正常开始实验后记录量筒内滤液体积。

(4)污泥中加混凝剂后应充分混合。

(5)在整个过滤过程中,真空度确定后始终保持一致。

七、思考题

1. 判断生污泥、消化污泥脱水性能好坏,分析其原因。

2. 测定污泥比阻在工程上有何实际意义。

实验十 废水综合处理设计实验

一、实验目的

为了加深对污水处理不同方法与技术的综合运用,如颗粒沉淀、混凝沉淀、好氧活性污泥降解、厌氧生物降解、气浮等,及工艺流程的联合应用的理论理解与实际技能以及效果的比较、验证等，掌握混凝剂的特性、选择、微生物培养与驯化后的降解效果验证，针对不同来源的实际污染水样进行处理工艺设计、处理效果测试与验证等一系列从物理处理至生物处理的实验步骤，以及综合应用水处理技术，掌握污水处理设计的基础技能与实际运用，为今后污水处理打下基础。

要求认识多种混凝剂，掌握其配制方法；加深对物理处理如混凝的理解；生物降解的理解与运用，对工业废水处理的设计与测试意义重大。

二、实验水质、水样、仪器设备及药品

(1)某一特种污水处理污染物去除实验，造纸废水、电镀废水、制革废水、制药废水，选其中一水质来源；

(2)混凝剂，自选 $AL_2(SO_4)_3$ 混凝剂、硫酸铁、氯化铝、酰胺类、pH 调节剂

(3)沉淀桶、曝气设备；

(4)测定 SS、pH 值、COD、DO、浊度等的仪器、1000mL 量筒；1000mL 烧杯；100mL 烧杯；10mL 移液管；2mL 移液管 1 个。

三、实验方案

(1)实验水样准备、责任落实、分工到位。

(2)各处理单元设计，即实验去除污染物的操作与工艺设计：包括主要污染物分析、实验降解污染物步骤、去除效果预测(即各步骤去除率预测)、达标分析、尾水排放情况预测。

(3)实验准备，污染物去除或降解与设施、测试分析仪器与设施、辅助设施、微型配套设施等，以及各种设施的调试、试运行等。

(4)记录准备，记录仪器、记录工具、记录数据或表格设计等。

(5)实验开始，每步记录实验情况与实测定数据。

(6)数据整理、结果分析。

(7)提交实验方案。

四、实验步骤

(1)取水样。

(2)认真了解各种实验设施、测试分析仪器的使用方法与操作说明。

(3)以 200mL 小水样按照实验方案进行第一步物理处理小试预实验，以去除悬浮物、调节 pH 值。

(4)选择最佳混凝效果的药剂与条件，计算大水量的药剂用量。测试 SS、pH 值等指标。

(5)取一定量的污水样入实验样桶，用污水样进行微生物培养与驯化，培养完成后进行后续生物降解实验操作，进一步降解溶解性有机污染物，测试 COD、DO 等指标。

(6)或进一步选择其他物理化学方法进行污染去除实验。同步测定主要污染指标。

(7)上述每步操作都作记录，基本原始数据记录表如表 3-16~3-18 所示。

表 3-16　　　　　　　加药混凝沉淀实验中各个指标的测定数据记录表

实验编号	混凝剂名称		原水浊度		原水温度		原水 pH 值	
	混凝剂		(第一次)： (第二次)：				(第一次)： (第二次)：	
第一次	水样	编号	1	2	3	4	5	6
		代号						
	投药量	mL						
		mg/L						
	剩余浊度							
	沉淀后 pH 值							
第二次	水样	编号	1	2	3	4	5	6
		代号						
	投药量	mL						
		mg/L						
	剩余浊度							
	沉淀后 pH 值							

表 3-17　　　　　　　　　　实验过程的观察记录表

实验编号	观察记录		小结
	水样编号	矾花形成及沉淀过程描述	
第一次	1		
	2		
	3		
	4		
	5		
	6		
第二次	1		
	2		
	3		
	4		
	5		
	6		

表 3-18　　　　　水质指标以 COD 为代表各单元处理效果分析表　　　　COD：mg/L

序号	处理单元	进水	出水	去除率(%)
1	进水			
2	机械过滤			
3	初沉(混凝沉淀)			
4	调节			
5	好氧生物(接触氧化)			
6	二沉池			
	总设施			

五、数据处理及结果

(1)制作实验混凝曲线
(2)分析环境影响因素去除率
(3)制作去除率曲线

六、对结果的分析、讨论及改进设想

1. 根据混凝效果确定药剂的最佳投药量和最佳适用范围。
2. 物理处理污染采用的混凝剂如何选择？
3. 对污水处理效果有影响的主要有哪些因素？
4. 针对实验结果如何进行最佳的改进？

七、交流与讨论

对于分小组完成的实验项目，还要提交小组实验报告。在实验过程中和全部实验结束后，由小组长主持全组总结、讨论、交流经验，完成小组实验报告。内容包括：实验计划、实验日志、观测记录、事故分析、失败原因、计划执行情况评估、实验收获、技能提高、小组每个成员的互相评估、对实验教学环节的评价与建议等。

附　　录

第一部分　几种常用分析方法与实验仪器的说明

附录1　水中悬浮物测定方法(重量法)

本操作步骤是根据中华人民共和国国家标准《水质悬浮物的测定　重量法(GB 11901—89)》和国家环境保护总局与《水和废水监测分析方法》编委会合编的《水和废水监测分析方法》(第四版)(中国环境科学出版社,2002年12月)中"悬浮物的测定"做出部分修改编写而成。

1　适用范围

适用于矿区范围内的矿井水、生活废水、各类总排水。

2　定义

水质中的悬浮物是指水样通过孔径为0.45μm的滤膜,截留在滤膜上并于103~105℃烘干至恒重的固体物质。

3　试剂

蒸馏水或同等纯度的水。

4　仪器

4.1　玻璃砂芯过滤装置,规格:1000mL。

4.2　CN-CA微孔滤膜:孔径0.45μm,直径50mm。

4.3　真空泵,抽气速率:7.2m³/h,极限真空:5Pa。或其他类型的抽气泵:流量控制在80~90L/min。

4.4　称量瓶:30mm×60mm。

4.5　烘箱:可控制恒温在103~105℃。

4.6　干燥器。

4.7　无齿扁嘴镊子。

4.8　白磁盘。

4.9　白纱线手套。

4.10　冰箱。

5 采样及样品贮存

5.1 采样

所用聚乙烯或硬质玻璃容器要先用洗涤剂清洗，再依次用自来水和蒸馏水冲洗干净。在采样之前，再用即将采集的水样冲洗三次，然后，采集具有代表性的水样 300~500mL。盖严瓶塞。

注：漂浮或浸没于水体底部的不均匀固体物质不属于悬浮物，应从水样中除去。

5.2 样品贮存

采集的水样应尽快分析测定。如需放置，应贮存在4℃冰箱中，但最长不得超过7d。

注：样品不得加入任何保护剂，以防止破坏物质在固、液间的分配平衡。

6 步骤

6.1 滤膜准备（前处理）

6.1.1 滤膜在使用前应经过蒸馏水浸泡24h，并更换1~2次蒸馏水。

6.1.2 将滤膜正确地放在过滤器的滤膜托盘上，加盖配套漏斗，并用夹子固定好。

6.1.3 以约100mL蒸馏水抽滤至近干状态（以50~60s为宜）。

6.1.4 卸下固定夹子和漏斗，再用扁嘴无齿镊子小心夹取滤膜置于编了号的称量瓶内，盖好瓶盖（可露出小缝隙）。

6.1.5 将称量瓶连同滤膜一并移入103~105℃的烘箱中烘干60min后取出，置于干燥器内冷却至时温，称其重量；再移入烘箱中烘干30min后取出，反复烘干、冷却、称量，直至两次称量的重量差值≤0.2mg为止。

6.2 样品测定

6.2.1 用蒸馏水冲洗经自来水洗涤后的抽滤装置。

6.2.2 用扁嘴无齿镊子小心从恒重的称量瓶内夹取滤膜正确放于滤膜托盘上，再用蒸馏水简单湿润滤膜后，加盖配套漏斗，并用夹子固定好。

6.2.3 量取充分混合均匀的试样100mL于漏斗内，启动真空泵进行抽吸过滤。

当水分全部通过滤膜后，再用每次约10mL蒸馏水冲洗量器三次，倾入漏斗过滤。然后，再以每次约10mL蒸馏水连续洗涤漏斗内壁三次，继续吸滤至近干状态。

6.2.4 停止抽滤后，小心卸下固定夹子和漏斗，用扁嘴无齿镊子仔细取出载有悬浮物的滤膜放在原恒重的称量瓶内，盖好瓶盖（可露出小缝隙）。

6.2.5 将称量瓶连同滤膜样品摆放在白磁盘中，移入103~105℃的烘箱中烘干60min后取出，置于干燥器内冷却至时温，称其重量；再移入烘箱中烘干60min后取出，反复烘干、冷却、称量，直至两次称量的重量差值≤0.4mg为止。

7 计算

悬浮物含量 $C(\mathrm{mg/L})$ 按下式计算：

$$C = \frac{(A—B) \times 10^6}{V}$$

式中：C——水中悬浮物浓度，mg/L；

A——悬浮物+滤膜与称量瓶重量，g；

B——滤膜与称量瓶重量，g；

V——试样体积，mL。

注意事项：

(1)漂浮于水面或浸没于水体底部的不均匀固体物质不属于悬浮物质，应在样品采集时加以避免。实验室测定阶段，处理样品时应以清洁水样为先。在定量取样时，应选择好合适的量器，水样均匀混合后应尽快量出。快速倾入漏斗过滤后，用每次约 10mL 蒸馏水冲洗量器三次，倾入漏斗过滤时，应将量器底部的较大颗粒物质去除。

(2)贮存水样时不能加任何保护试剂，以防止破坏物质在固相、液相间的分配平衡。

(3)滤膜上截留过多的悬浮物，除了造成过滤困难，还会延长过滤、干燥时间。遇此情况，可酌情少取试样，浑浊水样采集 20~100mL，比较清洁水样应采集 100~200mL 为宜，特别清洁的水样可增大试样体积至 200~300mL，否则会增大称量误差，影响测定精度。

(4)滤膜前处理阶段，以约 100mL 蒸馏水抽滤至近干状态(以 50~60s 为宜)。实际操作中，在同一批样品测定中最好固定一个蒸馏水用量和抽滤时间，以减少因蒸馏水量和抽滤时间的不同而带来的误差。

特别建议，无论采用何种滤膜，都必须对其进行前处理或进行相关试验。

(5)滤膜(处理后)和样品抽滤后，移入称量瓶加盖时，应保留适当缝隙，不要盖严，以保证滤膜和样品中水分、湿气能够充分逸出。

(6)经过 103~105℃的烘箱中烘干的滤膜或样品在置于干燥器内冷却阶段，应在天平室进行。应避免空调器出风给称量带来的影响。天平室的温度会影响冷却的时间，一般 5~20℃时，可冷却 45min；21~26℃时，可冷却 60min；27~32℃时，可冷却 150min 以上。滤膜上载附的悬浮物较多时，应增加冷却时间。

另外，干燥器内的称量瓶不宜过多，避免碰撞；所有的称量过程应按照顺序号码依次进行。对清洁水样的滤膜与浑浊水样的滤膜分开冷却。称量瓶在使用前应仔细检查盖子本身的密闭性，淘汰进水的盖子。

(7)实验室的洁净度必须符合要求，防止因空气中粉尘、颗粒物的因素造成样品抽滤中增加的重量。

(8)分析操作人员在整个操作过程中，必须仔细、认真、勤洗手，避免因个人的原因造成称重上的误差。

附录 2　臭氧浓度的测定

一、原理

臭氧浓度的测定一般采用碘量法。根据臭氧与碘化钾的氧化还原反应，所生成的与臭氧等当量的碘，用硫代硫酸钠标液滴定，以淀粉为指示剂。其反应为

$$O_3+2KI+H_2O \longrightarrow 2KOH+O_2+I_2$$
$$I_2+1Na_2S_2O_3 \longrightarrow 2NaI+Na_2S_4O_6$$

二、试剂

(1) 20%碘化钾溶液：称取 200g 碘化钾溶于 800mL 蒸馏水中；

(2) (1+5)硫酸溶液；

(3) 0.0125mol/L 硫代硫酸钠标液；

(4) 1%淀粉指示剂。

三、测定步骤

(1) 向气体吸收瓶中加入 20%碘化钾溶液 20mL，然后加蒸馏水 250mL，摇匀；

(2) 从取样口取样 2L，以湿式气体流量计计量；

(3) 取样后向气体吸收瓶中加入 5mL 硫酸，摇匀，静置 5min；

(4) 用 0.0125mol/L 硫代硫酸钠标液滴定至淡黄色，加淀粉指示剂 5 滴，溶液呈蓝褐色继续用硫代硫酸钠滴定至蓝色刚好消失，记录用量。

附录 3 重铬酸钾法测定 COD 方法及 pHS-3 型酸度计测定 pH 值

化学需氧量的测定(重铬酸钾法)

对于工业废水,我国规定用重铬酸钾法测定化学需氧量,用 COD 表示。

化学需氧量是指在一定条件下,用强氧化剂处理水样时所消耗的氧化剂的量。它反映了水体受还原性物质污染的程度。

化学需氧量是一个条件性指标,与加入的氧化剂的种类及浓度、反应溶液的酸度、反应温度和时间、催化剂的有无有关。因此,必须严格按照操作步骤进行。

在强酸性溶液中,重铬酸钾具有很强的氧化性,能氧化大部分有机物,加入硫酸银时,直链脂肪族化合物可完全被氧化,芳香族化合物不易被氧化,吡啶不能氧化,挥发性直链脂肪族化合物、苯等有机物因存在于蒸汽相,氧化不明显。氯离子可被氧化,并能与硫酸银作用产生沉淀,影响测定结果,故在回流前向水样中加入硫酸汞,形成络合物以消除干扰。

用 0.25mol/L 浓度的重铬酸钾溶液可测定大于 50mg/L 的 COD 值,用 0.025mol/L 浓度的重铬酸钾溶液可测定 5~50mg/L 的 COD 值,但准确度较差。

一、实验仪器

(1)回流装置,带 250mL 锥形瓶的全玻璃装置。
(2)加热装置,单联或多联变阻电炉。
(3)50mL 酸式滴定管。

二、试剂

1. 重铬酸钾标准溶液($1/6K_2Cr_2O_7 = 0.2500mol/L$)

称取预先在 120℃ 烘干 2h 的基准或优级纯重铬酸钾 12.258g,溶于水中,移入 100mL 容量瓶,稀释至标线,摇匀。

2. 试亚铁灵指示液

称取 1.48g 邻菲罗啉,0.695g 硫酸亚铁($FeSO_4 \cdot 7H_2O$),溶于水中,稀释至 100mL,贮于棕色瓶内。

3. 硫酸亚铁铵标准溶液 0.1mol/L

称取 39.5g 硫酸亚铁铵溶于水中,边搅拌边缓慢加入 20mL 浓硫酸,冷却后移入

1000mL 容量瓶中，稀释至标线，摇匀。临用前用重铬酸钾标准溶液标定。

标定方法：准确吸取 10.00mL 重铬酸钾标准溶液于 500mL 锥形瓶中，加水稀释至 110mL 左右，缓慢加入 30mL 浓硫酸，混匀。冷却后，加入 3 滴试亚铁灵指示液（约 0.15mL），用硫酸亚铁铵溶液滴定，溶液的颜色由黄色经由蓝绿色至红褐色即为终点。

$$C_{[(NH_4)_2(Fe(SO_4)_2)]} = \frac{0.2500 \times 10.00}{V}$$

式中：$C_{[(NH_4)_2(Fe(SO_4)_2)]}$——硫酸亚铁铵标准溶液的浓度，mol/L；

V——硫酸亚铁铵标准滴定溶液的用量，mL。

4. 硫酸-硫酸银溶液

于 2500mL 浓硫酸中加入 25g 硫酸银。放置 1~2d，不时摇动使其溶解。

5. 硫酸汞

结晶或粉末。

三、实验步骤

（1）取 20.00mL 混合均匀的水样（或适量水样稀释至 20.00mL）置 250mL 磨口的回流锥形瓶中，准确加入 10.00mL 重铬酸钾标准溶液及数粒小玻璃珠或沸石，连接磨口回流冷凝管，从冷凝管上口慢慢加入 30mL 硫酸-硫酸银溶液，轻轻摇动锥形瓶使溶液混匀，加热回流 2h（自开始沸腾计时）。

（2）冷却后用 90mL 水冲洗冷凝管壁，取下锥形瓶。溶液总体积不得少于 140mL，否则因酸度太大，滴定终点不明显。

（3）冷却后，加入 3 滴试亚铁灵指示液，用硫酸亚铁铵标准溶液滴定，溶液的颜色由黄色经由蓝绿色至红褐色即为终点，记录硫酸亚铁铵标准溶液的用量。

（4）滴定水样的同时，以 20.00mL 重蒸馏水，按同样操作步骤作空白实验。记录滴定空白时硫酸亚铁铵标准溶液的用量。

四、计算

$$COD(O_2, mg/L) = \frac{(V_0 - V_1) \cdot C \times 8 \times 1000}{V}$$

式中：C——硫酸亚铁铵标准溶液的浓度，mg/L；

V_0——滴定空白时硫酸亚铁铵标准溶液的用量，mL；

V_1——滴定水样时硫酸亚铁铵标准溶液的用量，mL；

V——取用水样的体积，mL；

8——氧（O）摩尔质量，g/moL。

五、注意事项

（1）0.4g 硫酸汞络合氯离子的最高量可达 40mg。应保持硫酸汞∶氯离子 = 10∶1

（W/W）。若出现少量硫酸汞沉淀，并不影响测定。应先加硫酸汞，再加水样。

　　（2）水样取用体积可在 10.00～50.00mL 范围之内，但实际用量及浓度需按下表进行相应调整。

水样体积（mL）	0.2500mol/L 重铬酸钾溶液（mL）	硫酸-硫酸银溶液（mL）	硫酸汞（g）	硫酸亚铁铵标准溶液（mol/L）	滴定前总体积（mL）
10.0	5.0	15	0.2	0.050	70
20.0	10.0	30	0.4	0.100	140
30.0	15.0	45	0.6	0.150	210
40.0	20.0	60	0.8	0.200	280
50.0	25.0	75	1.0	0.250	350

　　（3）对于化学需氧量小于 50mg/L 的水样，应该用 0.025mol/L 重铬酸钾标准溶液，回滴 0.01mol/L 硫酸亚铁铵标准溶液。

　　（4）水样加热回流后，溶液中重铬酸钾剩余量应为加入量的 1/4～1/5 为宜。

　　（5）COD 的测定结果应保留三位有效数字。

　　（6）水样加热回流一段时间后，溶液变绿，说明水样的化学需氧量太高，应将水样稀释后重做。

采用 pHS-3 型酸度计测定 pH 值

一、pH 值测定仪器包括

pHS-3 型酸度计(图 1)、pH 玻璃电极、甘汞电极、磁力搅拌器等。

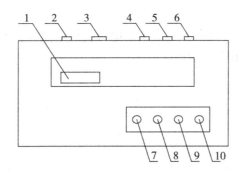

图 1　pHS-3 型酸度计仪器面板示意图

1—数字显示屏；2—电源插座；3—电源开关；4—信号输出接口；

5—参比电极；6—复合电极接口；7—pH/mV 选择开关；8—定位调节口；

9—斜率调节器，校正 pH4(或 pH9)；10—温度补偿器

二、标准缓冲溶液的配置

(1)邻苯二甲酸氢钾标准缓冲溶液(25℃时，pH = 4.008)。称取 5.06g 邻苯二甲酸氢钾(GR，在(115±5)℃烘干 2~3h，于干燥器中冷却)，溶于蒸馏水，移入 500mL 容量瓶中，稀释至标线，混匀。保存于聚乙烯瓶中。

(2)磷酸盐标准缓冲溶液(25℃时，pH = 6.685)。迅速称取 3.388g 磷酸二氢钾和 3.533g 磷酸氢二钾(GR，在(115±5)℃烘干 2~3h，于干燥器中冷却)，溶于蒸馏水，移入 1000mL 容量瓶中稀释至标线，混匀。保存于聚乙烯瓶中。

(3)硼砂标准缓冲溶液(25℃时，pH = 9.180)。称取 1.90g 硼砂(GR，$Na_2B_4O_7 \cdot 10H_2O$，在盛有蔗糖饱和溶液的干燥器中平衡两昼夜)，溶于刚煮沸冷却的蒸馏水，移入 500mL 容量瓶中，稀释至标线，混匀。保存于聚乙烯瓶中。

(4)测量方法及注意事项。

三、测量方法

(1)用标准缓冲溶液对酸度计进行定位，并将酸度计上的选择按钮调至 pH 值挡；

(2)将被测溶液放在搅拌器上，放入搅拌子，将电极插入被测溶液，启动搅拌器；

(3)待数据稳定后，记录指示值；

(4)取下被测溶液清洗电极。

四、注意事项

(1)玻璃电极在使用前需预先用蒸馏水浸泡 24h 以上，注意小心摇动电极，以驱赶玻璃泡中的气泡；

(2)甘汞电极在使用前需要摘掉电机末端及侧口上的橡胶帽，同玻璃电极一样，电极管中不能留有气泡，并注意添加饱和 KCl 溶液；

(3)pH 测量仪，尤其是电极插口处，要注意防潮，以免降低仪器的输入阻抗，影响测量准确性；

(4)测量结束，及时将电极保护套套上，电极套内应放少量外参比补充液，以保护电极球泡的湿润，切忌浸泡在蒸馏水中。

附录 4　溶解氧的测定

溶解氧的测定方法(碘量法)

一、实验原理

水样中加入 $MnSO_4$ 和碱性 KI 生成 $Mn(OH)_2$ 沉淀，$Mn(OH)_2$ 极不稳定，与水中溶解氧反应生成碱性氧化锰 $MnO(OH)_2$ 棕色沉淀，将溶解氧固定(DO 将 Mn^{2+} 氧化为 Mn^{4+})
$MnSO_4+2NaOH=Mn(OH)_2\downarrow+Na_2SO_4$，$2Mn(OH)_2+O_2=2MnO(OH)_2\downarrow(棕)$，再加入浓 H_2SO_4，使沉淀溶解，同时 Mn^{4+} 被溶液中 KI 的 I^- 还原为 Mn^{2+} 而析出 I_2，即
$MnO(OH)_2+2H_2SO_4+2KI=MnSO_4+I_2+K_2SO_4+3H_2O$，最后用 $Na_2S_2O_3$ 标液滴定 I_2，以确定 DO，$2Na_2S_2O_3+I_2=Na_2S_4O_6+2NaI$。

二、实验试剂

(1)$MnSO_4$ 溶液：称 $480gMnSO_4\cdot4H_2O$ 或 $360gMnSO_4\cdot H_2O$ 溶液水，用水稀释至 1000mL，此液加入酸化过的 KI 溶液中，遇淀粉不变蓝。

(2)碱性 KI 溶液：称 500g NaOH 溶于 $300\sim400$mL 水中，另称取 150g KI(或 135gNaI)溶于 200mL 水中，待 NaOH 冷却后，将两溶液合并、混匀用水稀释到 1000mL 如有沉淀，放置过夜，倾出上清液，贮于棕色瓶中，用橡皮塞塞紧，避光保存，此溶液酸化后，遇淀粉不变蓝。

(3)1%(m/V)淀粉溶液：称取 1g 可溶性淀粉，用少量水调成糊状，用刚煮沸的水冲稀到 1000mL。

(4)0.02500mol/L($1/6K_2Cr_2O_7$)：称取于 $105\sim110℃$ 烘干 2h 并冷却的 $K_2Cr_2O_7$ 1.2259g 溶于水，移入 1000mL 容量瓶，稀释至刻度。

(5)0.0125mol/L $Na_2S_2O_3$ 溶液：称取 3.1g $Na_2S_2O_3\cdot5H_2O$ 溶于煮沸放冷的水中，加入 $0.1Na_2CO_3$ 用水稀至 1000mL，贮于棕色瓶中。使用前用 0.02500mol/L $K_2Cr_2O_7$ 标定，于 250mL 碘量瓶中，加入 100mL 水和 1g KI，加入 10.00mL 0.02500mol/L $K_2Cr_2O_7$ 标液，8mL(1+5)H_2SO_4 溶液密塞，摇匀，于暗处静置 5min，用待标定的 $Na_2S_2O_3$ 溶液滴定至溶液呈淡黄色，加入 1mL 淀粉，继续滴定至蓝色刚好褪去。

$$Na_2S_2O_3 浓度=\frac{10.00\times0.02500}{消耗\ Na_2S_2O_3\ 体积}$$

三、测定步骤

(1)用移液管插入瓶内液面以下加入 1mL $MnSO_4$ 和 2mL 碱性 KI 溶液，有沉淀生成。

(2)颠倒摇动溶解氧瓶，使沉淀完全混合，静置等沉淀降至瓶底。

（3）加入 2mL 浓 H_2SO_4 盖紧，颠倒摇动均匀，待沉淀全部溶解后（不溶则多加浓 H_2SO_4）至暗处 5min。

（4）用移液管取 100.0mL 静置后的水样于 250mL 碘量瓶中，用 0.0125mol/L $Na_2S_2O_3$，滴定至微黄色，再加入 1mL 淀粉溶液，继续滴定至蓝色刚好褪去为止，记下 $Na_2S_2O_3$ 的耗用量，V(mL)。

（5）计算。

$$溶解氧(O_2mg/L) = \frac{CV \times 8 \times 1000}{100}$$

式中：C——硫代硫酸钠溶液的浓度，mol/L；

V——滴定时消耗硫代硫酸钠溶液的体积，mL。

溶解氧的测定方法（电极法，便携式溶氧仪）

1. 方法原理

氧敏感薄膜由两个与支持电解质相接触的金属电极及选择性薄膜组成。薄膜只能透过氧和其他气体，水和可溶解物质不能透过。透过膜的氧气在电极上还原，产生微弱的扩散电流，在一定温度下其大小与水样溶解氧含量成正比。

2. 方法的适用范围

电极法的测定下限取决于所用的仪器，一般适用于溶解氧大于 0.1mg/L 的水样。水样有色、含有可和碘反应的有机物时，不宜用碘量法及其修正法测定，可用电极法。但水样中含有氯、二氧化硫、碘、溴的气体或蒸气，可能干扰测定，需要经常更换薄膜或校准电极。

（1）仪器。

①DO 溶解氧测定仪：仪器分为原电池式和极谱式（外加电压）两种。

②温度计：精确至 0.5℃。

（2）试剂。

①亚硫酸钠；②二价钴盐（$CoCl_2 \cdot 6H_2O$）。

3. 步骤

使用仪器时，按说明书操作。

（1）测试前的准备。

①按仪器说明书装配探头，并加入所需的电解质。使用过的探头，要检查探头膜内是否有气泡或铁锈状物质。必要时，需取下薄膜重新装配。

②零点校正：将探头浸入每升含 1g 亚硫酸钠和 1mg 钴盐的水中，进行校零。

③校准：按仪器说明书要求校准，或取 500mL 蒸馏水，其中一部分虹吸入溶解氧瓶中，用碘量法测其溶解氧含量。将探头放入该蒸馏水中（防止曝气充氧），调节仪器到碘量法测定数值上。当仪器无法校准时，应更换电解质和敏感膜。

在使用中采用空气校准或适宜水温校准，具体对照使用说明书。

（2）水样的测定

按仪器说明书进行，并注意温度补偿。精密度与准确度：经 6 个实验室分析人员在同一实验室用不同型号的溶解氧测定仪，测定溶解氧含量为 4.8~8.3mg/L 的 5 种地面水，每个样品测定值相对标准偏差不超过 4.7%；绝对误差（相对于碘量法）小于 0.55mg/L。

注意事项：

①原电池式仪器接触氧气可自发进行反应，因此在不测定时，电极探头要保存在无氧水中并使其短路，以免消耗电极材料，影响测定。对于极谱式仪器的探头，不使用时，应放潮湿环境中，以防电解质溶液蒸发。

②不能用手接触探头薄膜表面。

③更换电解质和膜后，或膜干燥时，要使膜湿润，待读数稳定后再进行校准。

④如水样中含有藻类、硫化物、碳酸盐等物质，长期与膜接触可能使膜堵塞或损坏。

附录5 UV7504分光光度计使用说明

一、原理

紫外可见分光光度法是基于物质分子对200～780nm区域光的选择性吸收而建立起来的分析方法。

二、步骤

(1)打开电源开关

①光源：提供符合要求的入射光。

②要求：在整个紫外光区或可见光谱区可以发射连续光谱，具有足够的辐射强度、较好的稳定性、较长的使用寿命。

(2)检验吸收池的成套性(具体过程在后面内容中操作)。

(3)选择工作波长(按设定键，以及增加、减小按钮，进行设定)。

(4)选择测量方式(按方式键选择透射比模式与吸光度模式)。

(5)润洗比色皿，依次装入参比溶液和测量溶液。

(6)参比溶液于光路中，透射比模式下同时调0和100%，在吸光度模式下，测定测量溶液的吸光度。

①比色皿：又叫吸收池，用于盛放待测溶液和决定透光液层厚度的器件，主要有石英吸收池和玻璃吸收池两种。

②在紫外区须采用石英吸收池，可见区一般用吸收玻璃池。

③主要规格0.5、1.0、2.0、3.0和5.0cm。

④注意事项：手执两侧的毛面，盛放液体高度四分之三。

⑤波长准确度的准确检查：根据要求用白纸片遮住光路，改变波长从750nm到400nm，观察白纸片中颜色的变化。

故障现象	可能原因	排除方法
1. 开启电源开关，仪器无反应	(1)电源未接通 (2)电源保险丝断 (3)仪器电源开关接触不良	(1)检查供电电源和连接线 (2)更换保险丝 (3)更换仪器电源开关
2. 光源灯不工作	(1)光源灯坏 (2)光源供电器坏	(1)更换新灯 (2)检查电路，看是否有电压输出，请求维修人员维修或更换电路板

故障现象	可能原因	排除方法
3. 光源亮度不可调	电路故障	请求维修或更换有关电路元件
4. 显示不稳定	(1)仪器预热时间不够 (2)电噪声太大(暗盒受潮或电器故障) (3)环境振动过大,光源附近气流过大或外界强光照射 (4)电源电压不良 (5)仪器接地不良	(1)延长预热时间 (2)检查干燥剂是否受潮,若受潮更换干燥剂,若还不能解决,检查线路 (3)改善工作环境 (4)检查电源电压 (5)改善接地状态
5. T调不到0	(1)光门漏光 (2)放大器坏 (3)暗盒受潮	(1)修理光门 (2)修理放大器 (3)更换暗盒内干燥剂
6. T调不到100%	(1)卤钨灯不亮 (2)样品室有挡光现象 (3)光路不准 (4)放大器坏	(1)检查灯电源电路(修理) (2)检查样品室 (3)调整光路 (4)修理放大器
7. 测试数据重复性差	(1)池或池架晃动 (2)吸收池溶液中有气泡 (3)仪器噪声太大 (4)样品光化学反应	(1)卡紧池架或池 (2)重换溶液 (3)检查电路 (4)加快测试速度

附录6 多参数 COD 快速分析仪 ET99722 操作方法

一、设备

（1）COD 快速测量仪：化学需氧量反映了水体受还原性物质污染的程度。水体被有机物污染是很普遍的，因此化学需氧量也作为有机物相对含量指标之一。

（2）COD 光度计：COD 测量需要光度计、试剂瓶和反应器，测量范围 10~150mg/L；0~1500mg/L；0~15000mg/L。

（3）COD 反应器：C9800 型 COD 反应器含有 25 个孔，可插入直径为 16mm 的试剂瓶。浊度可设置到 150℃，反应时间可通过面板上的旋钮设置。反应时间结束后，有声音报警提示并自动关机。

（4）ET99125 COD：反应器有 25 个孔，配用 16mm 试剂瓶，通过面板上的按键可编制反应时间和反应速度，同时也可使用预先编好的时间 30、60、120min，当消解完成时，反应器自动关闭，并且有声音提示。

（5）COD 试剂瓶：用 COD 试剂瓶可高灵敏、高精度地进行水质 COD 分析，干扰性小。试剂瓶内的试剂含量精确，可测量 3 个量程的 COD。

二、操作步骤

简单易用，预先灌装 COD 试剂瓶使 COD 测量不费任何力气，即使一个新手按照下面三步也能精确进行 COD 检测。

①预先灌装 COD 检测；②将试剂瓶放入消解器中，设定时间；③将试剂瓶放入光度计中，然后直接显示出 COD 的 mg/L 读值。

三、产品特点

（1）测量方法为重铬酸钾法。

COD 试剂是在高质量控制标准下研制，符合标准 522D 和 USEPA 方法 410.4。

（2）为不同需要的三个量程。

COD 水平随着应用和过程测量点的不同而变化，COD 的三个量程符合 COD 的测量应用，低量程 0~1500mg/L，中量程 0~1500mg/L，高量程 0~15000mg/L。

（3）样品量。

COD 试剂在直径 16mm 的试剂瓶内含有 3mL 的试剂，对于任何范围的测量均需加入少量样品即可。

（4）预先灌装 COD 试剂瓶使浪费最小。

高质量 COD 玻璃试剂瓶和盖可避免处理和消解过程中的溅出危险，试剂瓶也可作为安全处置的容器并包含少量的废物。

(5)预先灌装 COD 试剂瓶使准备时间急剧缩短，无时间消耗的试剂准备过程或玻璃器皿的清洗。

四、技术参数

(1)型号 COD；

(2)容量：25 个 16mm×100mm 的试剂瓶消解槽，1 个不锈钢探头温度计插孔；

(3)温度：可选择，105℃或150℃；

(4)温度稳定性：±0.5℃；

(5)环境操作温度：−5～+50℃；

(6)电源：230VAC/50Hz/250W/保险 2A；

(7)计时器：声音报警，0～120min，自动报警或无穷大模式；

(8)精确度：±2℃（环境温度为25℃）；

(9)预热时间：根据设定的温度，30～40min；

(10)储藏温度：−20～60℃；

(11)尺寸/重量：190mm×300×95mm/约 4.8kg；

(12)外壳：金属防腐外壳；25 个孔，直径 16mm；

(13)面板按键：薄膜按键，2 个；

(14)温度设置：70、100、120、150±0.3℃；

(15)计时 30、60、120min 设定以及持续加热、自动、关机、声音提示；

(16)加热：400W，电子控制，防过热保护；

(17)升温时间：最多 10min；

(18)电源：230V/50Hz；

(19)重量/尺寸：3.6KG/275×155×95mm。

产品名称	规　格	包　装	
ET99722 快速测定仪	容量：25 个 16×100mm 的试剂瓶消解槽，1 个不锈钢探头温度计插孔；温度：可选择，105℃或150℃；温度稳定性：±0.5℃	ET99722　COD 光度计（ET 99732C）、COD 消解加热器 25 孔(99125 用)、配套试剂(用户根据需要自选一种量程的配套试剂)、HI145 温度计	

附录7　六联混凝搅拌器使用说明

(1)打开电源，等待调节控制器的屏幕上有清晰文字显示。按下搅拌器侧壁上的"LIFT"开关，使搅拌头抬起。

(2)将六个烧杯装好水样后放入灯箱上相应的定位孔，根据试验要求通过刻度吸管向烧杯中精确加入稀释好的混凝剂溶液，按下"DOWN"开关使搅拌头降下。按控制器上的回车键，即转入主菜单，以后所有的操作均可根据屏幕提示进行。

按数字键"1或2"选择同步运行或独立运行。

输入程序号，输完后核查一下，如有误可返回重输，如正确即可按回车键开始搅拌。

(3)当各段搅拌完成后，蜂鸣器报警，按"LIFT"将搅拌头抬起，开始进入沉淀。

沉淀半小时后，可取水样测试浊度等指标。

操作注意事项：

(1)试验时注意避免将水溅到机箱或者控制器上，溅上后要立即擦干。

(2)当工作头处于升起状态时，避免将手放在搅拌桨下，以防工作头突然掉下来伤手。

(3)搅拌头在工作时，不能升降出入水，若叶片一边高速旋转一边进入水中，可能会损坏电路，此点必须注意，若不慎操作错误，须立即关掉电源，5min后再开机检查。

第二部分　常用国家与地方、行业标准

附录8　地表水环境质量标准（GB 3838—2002）

Environmental quality standard for surface water

GB 3838—2002 代替

GHZB1—1999

1　主题内容与适用范围

1.1　主题内容

本标准按照地表水五类使用功能，规定了水质项目及标准值、水质评价、水质项目的分析方法以及标准的实施与监督。

1.2　适用范围

本标准适用于中华人民共和国领域内江河、湖泊、运河、渠道、水库等具有使用功能的地表水水域。

2　引用标准

本标准表4和表5所列分析方法标准和规范与本标准同效。当上述标准和规范被修订时，应使用其最新版本。

3　水域功能分类

依据地表水水域使用目的和保护目标将其划分为五类：Ⅰ类：主要适用于源头水、国家自然保护区；Ⅱ类：主要适用于集中式生活饮用水水源地一级保护区、珍贵鱼类保护区、鱼虾产卵场等；Ⅲ类：主要适用于集中式生活饮用水水源地二级保护区、一般鱼类保护区及游泳区；Ⅳ类：主要适用于一般工业用水区及人体非直接接触的娱乐用水区；Ⅴ类：主要适用于农业用水区及一般景观要求水域。同一水域兼有多类功能类别的，依最高类别功能划分。

4　标准值

本标准规定了基本项目和特定项目不同功能水域的标准值。

4.1　满足地表水各类使用功能和生态环境质量要求的基本项目按表1执行。

表1 水环境质量标准基本项目标准值 单位：mg/L

序号	分类 标准值 项目		Ⅰ类	Ⅱ类	Ⅲ类	Ⅳ类	Ⅴ类
	基本要求		所有水体不应有非自然原因导致的下述物质： a. 能形成令人感观不快的沉淀物的物质； b. 令人感官不快的漂浮物，诸如碎片、浮渣、油类等； c. 产生令人不快的色、臭、味或浑浊度的物质； d. 对人类、动植物有毒、有害或带来不良生理反应的物质； e. 易滋生令人不快的水生生物的物质				
1	水温(℃)		人为造成的环境水温变化应限制在： 周平均最大温升≤1 周平均最大温降≤2				
2	pH 值			6.5~8.5			6~9
3	硫酸盐(以 SO_4^{-2} 计)	≤	250 以下	250	250	250	250
4	氯化物(以 Cl^- 计)	≤	250 以下	250	250	250	250
5	溶解性铁	≤	0.3 以下	0.3	0.5	0.5	1.0
6	总锰	≤	0.1 以下	0.1	0.1	0.5	1.0
7	总铜	≤	0.01 以下	1.0(渔 0.01)	1.0(渔 0.01)	1.0	1.0
8	总锌	≤	0.05	1.0(渔 0.1)	1.0(渔 0.1)	2.0	2.0
9	硝酸盐(以 N 计)	≤	10 以下	10	20	20	25
10	亚硝酸盐(以 N 计)	≤	0.06	0.1	0.15	1.0	1.0
11	非离子氨	≤	0.02	0.02	0.02	0.2	0.2
12	凯氏氮	≤	0.5	0.5(渔 0.05)	1(渔 0.05)	2	3
13	总磷(以 P 计)	≤	0.02	0.1	0.1	0.2	0.2
14	高锰酸盐指数	≤	2	4	8	10	15
15	溶解氧	≥	饱和率90%	6	5	3	2
16	化学需氧量(COD_{Cr})	≤	15 以下	15	20	30	40
17	生化需氧量(BOD_5)	≤	3 以下	3	4	6	10
18	氟化物(以 F^- 计)	≤	1.0 以下	1.0	1.0	1.5	1.5
19	硒(四价)	≤	0.01 以下	0.01	0.01	0.02	0.02

续表

序号	分类 标准值 项目		I类	II类	III类	IV类	V类
20	总砷	≤	0.05	0.05	0.05	0.1	0.1
21	总汞	≤	0.00005	0.00005	0.0001	0.001	0.001
22	总镉	≤	0.001	0.005	0.005	0.005	0.01
23	铬(六价)	≤	0.01	0.05	0.05	0.05	0.1
24	总铅	≤	0.01	0.05	0.05	0.05	0.1
25	总氰化物	≤	0.005	0.05(渔 0.005)	0.2(渔 0.005)	0.2	0.2
26	挥发酚	≤	0.002	0.002	0.005	0.01	0.1
27	石油类	≤	0.05	0.05	0.05	0.5	1.0
28	阴离子表面活性剂	≤	0.2 以下	0.2	0.2	0.3	0.3
29	粪大肠菌群(个/L)	≤	200	1000	2000	5000	10000
30	氨氮	≤	0.5	0.5	0.5	1.0	1.5
31	硫化物	≤	0.05	0.1	0.2	0.5	1.0

4.2 控制湖泊水库富营养化的特定项目按表2执行。

控制地表水 I、II、III类水域有机化学物质的特定项目按表3执行。

5 水质评价

5.1 地表水环境质量评价应选取单项指标，分项进行达标率评价。

5.2 对于丰、平、枯水期特征明显的水体，应分水期进行达标率评价，所使用数据不应是瞬时一次监测值和全年平均监测值，每一水期数据不少于两个。

5.3 溶解氧、化学需氧量、挥发酚、氨氮、氰化物、总汞、砷、铅、六价铬、镉等十项指标丰、平、枯水期水质达标率均应达到100%。

5.4 其他各项指标丰、平、枯水期水质达标率应达到80%

表2　　　　　　　　　　　　**湖泊水库特定项目标准值**　　　　　　　　单位：mg/L

序号	分类　标准值　项目		I类	II类	III类	IV类	V类
1	总磷(以 P 计)	≤	0.002	0.01	0.025	0.06	0.12
2	总氮	≤	0.04	0.15	0.3	0.7	1.2
3	叶绿素 a	≤	0.001	0.004	0.01	0.03	0.065
4	透明度(m)	≥	15	4	2.5	1.5	0.5

表 3　　　　　　　　地表水Ⅰ、Ⅱ、Ⅲ类水域有机化学物质特定项目标准值　　（单位：mg/L）

序号	项目	标准值	序号	项目	标准值
1	苯并(a)芘	2.8×10^{-6}	21	六氯苯	0.05
2	甲基汞	1.0×10^{-6}	22	多氯联苯	8.0×10^{-6}
3	三氯甲烷	0.06	23	2，4-二氯苯酚	0.093
4	四氯化碳	0.003	24	2，4，6-三氯苯酚	0.0012
5	三氯乙烯	0.005	25	五氯酚	0.00028
6	四氯乙烯	0.005	26	硝基苯	0.017
7	三溴甲烷	0.04	27	2，4-二硝基甲苯	0.0003
8	二氯甲烷	0.005	28	酞酸二丁酯	0.003
9	1，2-二氯乙烷	0.005	29	丙烯腈	0.000058
10	1，1，2-三氯乙烷	0.003	30	联苯胺	0.0002
11	1，1-二氯乙烯	0.007	31	滴滴涕	0.001
12	氯乙烯	0.002	32	六六六	0.005
13	六氯丁二烯	0.0006	33	林丹	0.000019
14	苯	0.005	34	对硫磷	0.003
15	甲苯	0.1	35	甲基对硫磷	0.0005
16	乙苯	0.01	36	马拉硫磷	0.005
17	二甲苯	0.5	37	乐果	0.0001
18	氯苯	0.03	38	敌敌畏	0.0001
19	1，2-二氯苯	0.085	39	敌百虫	0.0001
20	1，4-二氯苯	0.005	40	阿特拉津	0.003

6　标准的实施与监督

6.1　本标准由各级人民政府环境保护行政主管部门统一监督实施。特定项目由县级以上人民政府环境保护行政主管部门根据当地水环境质量确定，作为基本项目的补充指标。

6.2　各级人民政府环境保护行政主管部门会同城建、水利、卫生、农业等有关部门，根据流域或水系整体规划，结合水域使用功能要求，提出所辖水域水环境功能类别划分方案，划分功能类别，按规定的程序批准后，按相应的标准值管理。

6.3　排污口所在水域划定的混合区，不得影响鱼类回游通道及混合区外水域使用功能。

6.4 省、自治区、直辖市人民政府可以对国家《地表水环境质量标准》中未规定的项目，制定地方补充标准，并报国家环境保护总局备案。

7　水质监测

7.1　监测项目的采样布点及监测频率应符合国家环境监测技术规范的要求。

7.2　本标准基本项目的检测分析方法按表 4 执行，特定项目的检测分析方法按表 5 执行。

表 4　　　　　　　　　　　**地表水环境质量标准基本项目分析方法**

序号	基本项目	分析方法		测定下限 mg/L	方法来源
1	水温	温度计法			GB 13195—91
2	pH	玻璃电极法			GB 6920—86
3	硫酸盐	重量法		10	GB 11899—89
		火焰原子吸收分光光度法		0.4	GB 13196—91
		铬酸钡光度法		8	1)
4	氯化物	硝酸银滴定法		10	GB 11896—89
		硝酸汞滴定法		2.5	1)
5	溶解性铁	火焰原子吸收分光光度法		0.03	GB 11911—89
		邻菲啰啉分光光度法		0.03	1)
		高碘酸钾分光光度法		0.02	GB 11906—89
6	总锰	火焰原子吸收分光光度法		0.01	GB 11911—89
		甲醛肟光度法		0.01	1)
7	总铜	原子吸收分光光度法	直接法	0.05	GB 7475—87
			螯合萃取法	0.001	
		二乙基二硫代氨基甲酸钠分光光度法		0.010	GB 7474—87
		2，9-二甲基-1，10-二氮杂菲分光光度法		0.06	GB 7473—87
8	总锌	双硫腙分光光度法		0.005	GB 7472—87
		原子吸收分光光度法		0.05	GB 7475—87
		酚二磺酸分光光度法		0.02	GB 7480—87
9	硝酸盐	紫外分光光度法		0.08	1)
		离子色谱法		0.1	1)
10	亚硝酸盐	分光光度法		0.001	GB 7493—87
11	非离子氨	纳氏试剂比色法		0.05	GB 7479—87
		水杨酸分光光度法		0.01	GB 7481—87

序号	基本项目	分析方法		测定下限 mg/L	方法来源
12	凯氏氮			0.2	GB 11891—89
13	总磷	钼酸铵分光光度法		0.01	GB 11893—89
14	高锰酸盐指数			0.5	GB 11892—89
15	溶解氧	碘量法		0.2	GB 7489—89
		电化学探头法			GB 11913—89
16	化学需氧量	重铬酸盐法		5	CB 11914—89
		库仑法		2	1)
17	生化需氧量 (BOD$_5$)	稀释与接种法		2	GB 7488—87
18	氟化物	氟试剂分光光度法		0.05	GB 7483—87
		离子选择电极法		0.05	GB 7484—87
		离子色谱法		0.02	1)
19	硒(四价)	2,3-二氨基萘荧光法		0.00025	GB 11902—89
20	总砷	二乙基二硫代氨基甲酸银分光光度法		0.007	GB 7485—87
21	总汞	冷原子吸收分光光度法		0.00005	GB 7468—87
		高锰酸钾-过硫酸钾消解法 双硫腙分光光度法		0.002	GB 7469—87
		冷原子荧光法		0.00005	1)
22	总镉	原子吸收分光光度法(螯合萃取法)		0.001	GB 7475—87
		双硫腙分光光度法		0.001	GB 7471—87
23	铬(六价)	二苯碳酰二肼分光光度法		0.004	GB 7467—87
24	总铅	原子吸收分光光度法	直接法	0.2	GB 7475—87
			螯合萃取法	0.01	
		双硫腙分光光度法		0.01	GB 7470—87
25	总氰化物	异烟酸-吡唑啉酮比色法		0.004	GB 7486—87
		吡啶-巴比妥酸比色法		0.002	
26	挥发酚	蒸馏后4-氨基安替比林分光光度法		0.002	GB 7490—87
27	石油类	红外分光光度法		0.01	GB/T 16488—1996
		非分散红外光度法		0.02	
28	阴离子表面活性剂	亚甲蓝分光光度法		0.05	GB 7494—87
29	粪大肠菌群	多管发酵法、滤膜法			1)

序号	基本项目	分析方法	测定下限 mg/L	方法来源
30	氨氮	纳氏试剂比色法	0.05	GB7479—87
		水杨酸分光光度法	0.01	GB 7481—87
31	硫化物	亚甲基蓝分光光度法	0.005	GB/T 16489—1996
		直接显色分光光度法	0.004	GB/T 17133—1997

表5　　　　　　　　　　地表水环境质量标准特定项目分析方法

序号	特定项目	分析方法	测定下限 mg/L	方法来源
1	总磷	钼酸铵分光光度法	0.01	2)
2	总氮	碱性过硫酸钾消解紫外分光光度法	0.05	GB 11894—89
3	叶绿素 a	分光光度法		2)
4	透明度	塞氏圆盘法	0.5cm	1)
5	苯并(a)芘	乙酰化滤纸层析荧光分光光度法	4×10^{-6}	GB 11895—89
		高效液相色谱法	1×10^{-6}	GB 13198—91
6	甲基汞	气相色谱法	1×10^{-8}	GB/T 17132—1997
7	三氯甲烷	顶空气相色谱法	0.0003	GB/T 17130—1997
8	四氯化碳	顶空气相色谱法	0.00005	GB/T 17130—1997
9	三氯乙烯	顶空气相色谱法	0.0005	GB/T 17130—1997
10	四氯乙烯	顶空气相色谱法	0.0002	GB/T 17130—1997
11	三溴甲烷	顶空气相色谱法	0.001	GB/T 17130—1997
12	二氯甲烷	吹除及捕集法		3)
13	1,2-二氯乙烷	吹除及捕集法		3)
14	1,1,2-三氯乙烷	吹除及捕集法		3)
15	1,1-二氯乙烯	吹除及捕集法		3)
16	氯乙烯	吹除及捕集法		3)
17	六氯丁二烯	吹除及捕集法		3)
18	苯	气相色谱法	0.005	GB 11890—89
		二硫化碳萃取气相色谱法	0.05	
19	甲苯	顶空气相色谱法	0.005	GB 11890—89
		二硫化碳萃取气相色谱法	0.05	

序号	特定项目	分析方法	测定下限 mg/L	方法来源
20	乙苯	顶空气相色谱法	0.005	GB 11890—89
		二硫化碳萃取气相色谱法	0.05	
21	二甲苯	顶空气相色谱法	0.005	GB 11890—89
		二硫化碳萃取气相色谱法	0.05	
22	氯苯	气相色谱法		待颁布
23	1,2-二氯苯	气相色谱法	0.002	GB/T 17131—1997
24	1,4-二氯苯	气相色谱法	0.005	GB/T 17131—1997
25	六氯苯	气相色谱法	0.05	1)
26	多氯联苯	气相色谱法		3)
27	2,4-二氯苯酚	气相色谱法		待颁布
28	2,4,6-三氯苯酚	气相色谱法		待颁布
29	五氯酚	气相色谱法	0.00004	GB 8972—88
30	硝基苯	气相色谱法	0.0002	GB 13194—91
31	2,4-二硝基甲苯	气相色谱法	0.0003	GB 13194—91
32	酞酸二丁酯	气相、液相色谱法		待颁布
33	丙烯腈	气相色谱法		待颁布
34	联苯胺	分光光度法	0.0002	3)
35	滴滴涕	气相色谱法	0.0002	GB 7492—87
36	六六六	气相色谱法		GB 7492—87
37	林丹	气相色谱法	$4×10^{-6}$	GB 7492—87
38	对硫磷	气相色谱法	0.00054	GB 13192—91
39	甲基对硫磷	气相色谱法	0.00042	GB 13192—91
40	马拉硫磷	气相色谱法	0.00064	GB 13192—91
41	乐果	气相色谱法	0.00057	GB 13192—91
42	敌敌畏	气相色谱法	$6.0×10^{-5}$	GB 13192—91
43	敌百虫	气相色谱法	$5.1×10^{-5}$	GB 13192—91
44	阿特拉津	气相色谱法		

注：暂采用下列方法，待国家方法标准发布后，执行国家标准。

1)《水和废水监测分析方法(第三版)》，中国环境科学出版社，1989年。

2)《湖泊富营养化调查规范(第二版)》，中国环境科学出版社，1990年。

3)《水和废水标准检验法(第15版)》，中国建筑工业出版社，1985年。

附录 9　地下水环境质量标准（GB/T 14848—93）

国家技术监督局 1993-12-30 批准 1994-10-01 实施

1　引言

为保护和合理开发地下水资源，防止和控制地下水污染，保障人民身体健康，促进经济建设，特制订本标准。

本标准是地下水勘查评价、开发利用和监督管理的依据。

2　主题内容与适用范围

2.1　本标准规定了地下水的质量分类，地下水质量监测、评价方法和地下水质量保护。

2.2　本标准适用于一般地下水，不适用于地下热水、矿水、盐卤水。

3　引用标准

GB 5750 生活饮用水标准检验方法。

4　地下水质量分类及质量分类指标

4.1　地下水质量分类

依据我国地下水水质现状、人体健康基准值及地下水质量保护目标，并参照了生活饮用水、工业、农业用水水质最高要求，将地下水质量划分为五类。

Ⅰ类　主要反映地下水化学组分的天然低背景含量。适用于各种用途。

Ⅱ类　主要反映地下水化学组分的天然背景含量。适用于各种用途。

Ⅲ类　以人体健康基准值为依据。主要适用于集中式生活饮用水水源及工、农业用水。

Ⅳ类　以农业和工业用水要求为依据。除适用于农业和部分工业用水外，适当处理后可作生活饮用水。

Ⅴ类　不宜饮用，其他用水可根据使用目的选用。

4.2　地下水质量分类指标（见表 1）

表 1　　　　　　　　　　　　　地下水质量分类指标

项目序号	类别　标准值　项目	Ⅰ类	Ⅱ类	Ⅲ类	Ⅳ类	Ⅴ类
1	色（度）	≤5	≤5	≤15	≤25	>25

续表

项目序号	类别　标准值　项目	Ⅰ类	Ⅱ类	Ⅲ类	Ⅳ类	Ⅴ类
2	嗅和味	无	无	无	无	有
3	浑浊度(度)	≤3	≤3	≤3	≤10	>10
4	肉眼可见物	无	无	无	无	有
5	pH		6.5~8.5		5.5~6.5 8.5~9	<5.5, >9
6	总硬度(以 $CaCO_3$ 计)(mg/L)	≤150	≤300	≤450	≤550	>550
7	溶解性总固体(mg/L)	≤300	≤500	≤1000	≤2000	>2000
8	硫酸盐(mg/L)	≤50	≤150	≤250	≤350	>350
9	氯化物(mg/L)	≤50	≤150	≤250	≤350	>350
10	铁(Fe)(mg/L)	≤0.1	≤0.2	≤0.3	≤1.5	>1.5
11	锰(Mn)(mg/L)	≤0.05	≤0.05	≤0.1	≤1.0	>1.0
12	铜(Cu)(mg/L)	≤0.01	≤0.05	≤1.0	≤1.5	>1.5
13	锌(Zn)(mg/L)	≤0.05	≤0.5	≤1.0	≤5.0	>5.0
14	钼(Mo)(mg/L)	≤0.001	≤0.01	≤0.1	≤0.5	>0.5
15	钴(Co)(mg/L)	≤0.005	≤0.05	≤0.05	≤1.0	>1.0
16	挥发性酚类(以苯酚计)(mg/L)	≤0.001	≤0.001	≤0.002	≤0.01	>0.01
17	阴离子合成洗涤剂(mg/L)	不得检出	≤0.1	≤0.3	≤0.3	>0.3
18	高锰酸盐指数(mg/L)	≤1.0	≤2.0	≤3.0	≤10	>10
19	硝酸盐(以 N 计)(mg/L)	≤2.0	≤5.0	≤20	≤30	>30
20	亚硝酸盐(以 N 计)(mg/L)	≤0.001	≤0.01	≤0.02	≤0.1	>0.1
21	氨氮(NH_4)(mg/L)	≤0.02	≤0.02	≤0.2	≤0.5	>0.5
22	氟化物(mg/L)	≤1.0	≤1.0	≤1.0	≤2.0	>2.0
23	碘化物(mg/L)	≤0.1	≤0.1	≤0.2	≤1.0	>1.0
24	氰化物(mg/L)	≤0.001	≤0.01	≤0.05	≤0.1	>0.1
25	汞(Hg)(mg/L)	≤0.00005	≤0.0005	≤0.001	≤0.001	>0.001
26	砷(As)(mg/L)	≤0.005	≤0.01	≤0.05	≤0.05	>0.05
27	硒(Se)(mg/L)	≤0.01	≤0.01	≤0.01	≤0.1	>0.1

项目序号	类别　标准值　项目	Ⅰ类	Ⅱ类	Ⅲ类	Ⅳ类	Ⅴ类
28	镉(Cd)(mg/L)	≤0.0001	≤0.001	≤0.01	≤0.01	>0.01
29	铬(六价)(Cr^{6+})(mg/L)	≤0.005	≤0.01	≤0.05	≤0.1	>0.1
30	铅(Pb)(mg/L)	≤0.005	≤0.01	≤0.05	≤0.1	>0.1
31	铍(Be)(mg/L)	≤0.00002	≤0.0001	≤0.0002	≤0.001	>0.001
32	钡(Ba)(mg/L)	≤0.01	≤0.1	≤1.0	≤4.0	>4.0
33	镍(Ni)(mg/L)	≤0.005	≤0.05	≤0.05	≤0.1	>0.1
34	滴滴涕(μg/L)	不得检出	≤0.005	≤1.0	≤1.0	>1.0
35	六六六(μg/L)	≤0.005	≤0.05	≤5.0	≤5.0	>5.0
36	总大肠菌群(个/L)	≤3.0	≤3.0	≤3.0	≤100	>100
37	细菌总数(个/mL)	≤100	≤100	≤100	≤1000	>1000
38	总 σ 放射性(Bq/L)	≤0.1	≤0.1	≤0.1	>0.1	>0.1
39	总 β 放射性(Bq/L)	≤0.1	≤1.0	≤1.0	>1.0	>1.0

根据地下水各指标含量特征，分为五类，它是地下水质量评价的基础。以地下水为水源的各类专门用水，在地下水质量分类管理基础上，可按有关专门用水标准进行管理。

5　地下水水质监测

5.1　各地区应对地下水水质进行定期检测。检验方法，按国家标准 GB 5750《生活饮用水标准检验方法》执行。

5.2　各地地下水监测部门，应在不同质量类别的地下水域设立监测点进行水质监测，监测频率不得少于每年二次(丰、枯水期)。

5.3　监测项目为：pH、氨氮、硝酸盐、亚硝酸盐、挥发性酚类、氰化物、砷、汞、铬(六价)、总硬度、铅、氟、镉、铁、锰、溶解性总固体、高锰酸盐指数、硫酸盐、氯化物、大肠菌群，以及反映本地区主要水质问题的其他项目。

6　地下水质量评价

6.1　地下水质量评价以地下水水质调查分析资料或水质监测资料为基础，可分为单项组分评价和综合评价两种。

6.2　地下水质量单项组分评价，按本标准所列分类指标，划分为五类，代号与类别代号相同，不同类别标准值相同时，从优不从劣。

例：挥发性酚类Ⅰ、Ⅱ类标准值均为 0.001mg/L，若水质分析结果为 0.001mg/L 时，应定为Ⅰ类，不定为Ⅱ类。

6.3　地下水质量综合评价，采用加附注的评分法。具体要求与步骤如下：

6.3.1　参加评分的项目，应不少于本标准规定的监测项目，但不包括细菌学指标。

6.3.2　首先进行各单项组分评价，划分组分所属质量类别。

6.3.3　对各类别按下列规定(表2)分别确定单项组分评价分值 F_i。

表2

类别	Ⅰ	Ⅱ	Ⅲ	Ⅳ	Ⅴ
F_i1	0	1	3	6	10

6.3.4　根据 F 值，按以下规定(表3)划分地下水质量级别，再将细菌学指标评价类别注在级别定名之后。如"优良(Ⅱ类)"、"较好(Ⅲ类)"。

表3

级别	优良	好	较好	较差	极差
F	<0.80	0.80~<2.50	2.50~<4.25	4.25~<7.20	>7.20

6.4　使用两次以上的水质分析资料进行评价时，可分别进行地下水质量评价，也可根据具体情况，使用全年平均值和多年平均值或分别使用多年的枯水期、丰水期平均值进行评价。

6.5　在进行地下水质量评价时，除采用本方法外，也可采用其他评价方法进行对比。

7　地下水质量保护

7.1　为防止地下水污染和过量开采、人工回灌等引起的地下水质量恶化，保护地下水水源，必须按《中华人民共和国水污染防治法》和《中华人民共和国水法》有关规定执行。

7.2　利用污水灌溉、污水排放、有害废弃物(城市垃圾、工业废渣、核废料等)的堆放和地下处置，必须经过环境地质可行性论证及环境影响评价，征得环境保护部门批准后方能施行。

附录 10 污水综合排放标准(GB 8978—1996)

中华人民共和国国家标准
污水综合排放标准

Integrated wastewater discharge Standard

GB 8978—1996 代替 GB 8978—88

国家技术监督局 1996.10.4 发布 1998.1.1 实施

为贯彻《中华人民共和国环境保护法》、《中华人民共和国水污染防治法》和《中华人民共和国海洋环境保护法》,控制水污染,保护江河、湖泊、运河、渠道、水库和海洋等地面水以及地下水质的良好状态,保障人体健康、维护生态平衡,促进国民经济和城乡建设的发展,特制定本标准。

1 主题内容与适用范围

1.1 主题内容

本标准按照污水排放去向,分年限规定了 69 种水污染物最高允许排放浓度及部分行业最高允许排水量。

1.2 适用范围

本标准适用于现有单位水污染物的排放管理,以及建设项目的环境影响评价、建设项目环境保护设施设计、竣工验收及其投产后的排放管理。

按照国家综合排放标准与国家行业排放标准不交叉执行的原则,造纸工业执行《造纸工业水污染物排放标准(GB 3544—92)》,船舶执行《船舶污染物排放标准(GB 3552—83)》,船舶工业执行《船舶工业污染物排放标准(GB 4286—84)》,海洋石油开发工业执行《海洋石油开发工业含油污水排放标准(GB 4914—85)》,纺织染整工业执行《纺织染整工业水污染物排放标准(GB 4287—92)》,肉类加工工业执行《肉类加工工业水污染物排放标准(GB 13457—92)》,合成氨工业执行《合成氨工业水污染物排放标准(GB 13458—92)》,钢铁工业执行《钢铁工业水污染物排放标准(GB 13456—92)》,航天推进剂使用执行《航天推进剂水污染物排放标准(GB 14374—93)》,兵器工业执行《兵器工业水污染物排放标准(GB 14470.1~14470.3—93)和(GB 4774~4279—84)》,磷肥工业执行《磷肥工业水污染物排放标准(GB15580—95)》,烧碱聚氯乙烯工业执行《烧碱聚氯乙烯工业水污染物排放标准(GB 15581—95)》,其他水污染物排放均执行本标准。

1.3 本标准颁布后,新增加国家行业水污染物排放标准的行业,其适用范围执行相应的国家水污染物行业标准,不再执行本标准。

2 引用标准

下列标准所包含的条文，通过在本标准中引用而构成为本标准的条文。

GB 3097—82　海水水质标准

GB 3838—88　地面水环境质量标准

GB 8703—88　辐射防护规定

3 定义

3.1　污水：指在生产与生活活动中排放的水的总称。

3.2　排水量：指在生产过程中直接用于工艺生产的水的排放量。不包括间接冷却水、厂区锅炉、电站排水。

3.3　一切排污单位：指本标准适用范围所包括的一切排污单位。

3.4　其他排污单位：指在某一控制项目中，除所列行业外的一切排污单位。

4 技术内容

4.1　标准分级

4.1.1　排入 GB 3838 Ⅲ类水域(划定的保护区和游泳区除外)和排入 GB 3097 中二类海域的污水，执行一级标准。

4.1.2　排入 GB 3838 中Ⅳ、Ⅴ类水域和排入 GB 3097 中三类海域的污水，执行二级标准。

4.1.3　排放设置二级污水处理厂的城镇排水系统的污水，执行三级标准。

4.1.4　排入未设置二级污水处理厂的城镇排水系统的污水，必须根据排水系统出水受纳水域的功能要求，分别执行 4.1.1 和 4.1.2 的规定。

4.1.5　GB 3838 中Ⅰ、Ⅱ类水域和Ⅲ类水域中划定的保护区和游泳区，GB 3097 中一类海域，禁止新建排污口，现有排污口应按水体功能要求，实行污染物总量控制，以保护受纳水体水质符合规定用途的水质标准。

4.2　标准值

4.2.1　本标准将排放的污染物按其性质及控制方式分为二类。

4.2.1.1　第一类污染物，不分行业和污水排放方式，也不分受纳水体的功能类别，一律在车间和车间处理设施排放口采样，其最高允许排放浓度必须达到本标准要求，(采矿行业的尾矿坝出水口不得视为车间排放口)。

4.2.1.2　第二类污染物，在排污单位排放口采样，其最高允许排放浓度必须达到本标准要求。

4.2.2　本标准按年限规定了第一类污染物和第二类污染物最高允许排放浓度及部分行业最高允许排水量，分别为：

4.2.2.1　1997 年 12 月 31 日之前建设(包括改、扩建)的单位，水污染物的排放必须同时执行表1、表2、表3的规定。

4.2.2.2　1998 年 1 月 1 日起建设(包括改、扩建)的单位，水污染物的排放必须同时执行表1、表4、表5的规定。

4.2.2.3 建设(包括改、扩建)单位的建设时间,以环境影响评价报告书(表)批准日期为准划分。

4.3 其他规定

4.3.1 同一排放口排放两种或两种以上不同类别的污水,且每种污水的排放标准又不同时,其混合污水的排放标准按附录A计算。

4.3.2 工业污水污染物的最高允许排放负荷量按附录B计算。

4.3.3 污染物最高允许年排放总量按附录C计算。

4.3.4 对于排放含有放射性物质的污水,除执行本标准外,还须符合GB 8703—88《辐射防护规定》。

表1   第一类污染物最高允许排放浓度   单位:mg/L

序号	污染物	最高允许排放浓度
1	总汞	0.05
2	烷基汞	不得检出
3	总镉	0.1
4	总铬	1.5
5	六价铬	0.5
6	总砷	0.5
7	总铅	1.0
8	总镍	1.0
9	苯并(a)芘	0.00003
10	总铍	0.005
11	总银	0.5
12	总α放射性	1Bq/L
13	总β放射性	10Bq/L

表2   第二类污染物最高允许排放浓度

(1997年12月31日之前建设的单位)   单位:mg/L

序号	污染物	适用范围	一级标准	二级标准	三级标准
1	pH	一切排污单位	6~9	6~9	6~9
2	色度 (稀释倍数)	染料工业	50	180	—
		其他排污单位	50	80	—

续表

序号	污染物	适用范围	一级标准	二级标准	三级标准
3	悬浮物（ss）	采矿、选矿、选煤工业	100	300	—
		脉金选矿	100	500	—
		边远地区砂金选矿	100	800	—
		城镇二级污水处理厂	20	30	—
		其他排污单位	70	200	400
4	五日生化需氧量（BOD$_5$）	甘蔗制糖、苎麻脱胶、湿法纤维板工业	30	100	600
		甜菜制糖、酒精、味精、皮革、化纤浆粕工业	30	150	600
		城镇二级污水处理厂	20	30	—
		其他排污单位	30	60	300
5	化学需氧量（COD）	甜菜制糖、焦化、合成脂肪酸、湿法纤维板、染料、洗毛、有机磷农药工业	100	200	1000
		味精、酒精、医药原料药、生物制药、苎麻脱胶、皮革、化纤浆粕工业	100	300	1000
		石油化工工业(包括石油炼制)	100	150	500
		城镇二级污水处理厂	60	120	—
		其他排污单位	100	150	500
6	石油类	一切排污单位	10	10	30
7	动植物油	一切排污单位	20	20	100
8	挥发酚	一切排污单位	0.5	0.5	2.0
9	总氰化合物	电影洗片(铁氰化合物)	0.5	5.0	5.0
		其他排污单位	0.5	0.5	1.0
10	硫化物	一切排污单位	1.0	1.0	2.0
11	氨氮	医药原料药、染料、石油化工工业	15	50	
		其他排污单位	15	25	—
12	氟化物	黄磷工业	10	20	20
		低氟地区(水体含氟量<0.5mg/L)	10	20	30
		其他排污单位	10	10	20
13	磷酸盐(以P计)	一切排污单位	0.5	1.0	—
14	甲醛	一切排污单位	1.0	2.0	5.0
15	苯胺类	一切排污单位	1.0	2.0	5.0
16	硝基苯类	一切排污单位	2.0	3.0	5.0

续表

序号	污染物	适用范围	一级标准	二级标准	三级标准
17	阴离子表面活性剂(LAS)	合成洗涤剂工业	5.0	15	20
		其他排污单位	5.0	10	20
18	总铜	一切排污单位	0.5	1.0	20
19	总锌	一切排污单位	2.0	5.0	5.0
20	总锰	合成脂肪酸工业	2.0	5.0	5.0
		其他排污单位	2.0	2.0	5.0
21	彩色显影剂	电影洗片	2.0	3.0	5.0
22	显影剂及氧化物总量	电影洗片	3.0	6.0	6.0
23	元素磷	一切排污单位	0.1	0.3	0.3
24	有机磷农药（以 P 计）	一切排污单位	不得检出	0.5	0.5
25	粪大肠菌群数	医院*、兽医院及医疗机构含病原体污水	500 个/L	1000 个/L	5000 个/L
		传染病、结核病医院污水	100 个/L	500 个/L	1000 个/L
26	总余氯(采用氯化消毒的医院污水)	医院*、兽医院及医疗机构含病原体污水	<0.5**	>3(接触时间≥1h)	>2(接触时间 1h)
		传染病、结核病医院污水	<0.5**	>6.5(接触时间≥1.5h)	>5(接触时间≥1.5h)

注：＊指 50 个床位以上的医院

　　＊＊加氯消毒后须进行脱氯处理,达到本标准。

表 3　　　　　　　　　　**部分行业最高允许排水量**

(1997 年 12 月 31 日之前建设的单位)

序号	行业类别			最高允许排水量或最低允许水重复利用率
1	矿山工业	有色金属系统选矿		水重复利用率75%
		其他矿山工业采矿、选矿、选煤等		水重复利用率90%(选煤)
		脉金选矿	重选	16.0m³/t(矿石)
			浮选	9.0m³/t(矿石)
			氰化	8.0m³/t(矿石)
			碳浆	8.0m³/t(矿石)
2	焦化企业(煤气厂)			1.2m³/t(焦炭)

续表

序号	行业类别			最高允许排水量或最低允许水重复利用率
3	有色金属冶炼及金属加工			水重复利用率80%
4	石油炼制工业(不包括直排水炼油厂)加工深度分类: A. 燃料型炼油厂 B. 燃料+润滑油型炼油厂 C. 燃料+润滑油型+炼油化工型炼油厂 (包括加工高含硫原油页岩油和石油添加剂生产基地的炼油厂)			A >500万吨,1.0m³/t(原油) 250~500万吨,1.2m³/t(原油) <250万吨,1.5m³/t(原油) B >500万吨,1.5m³/t(原油) 250~500万吨,2.0m³/t(原油) <250万吨,2.0m³/t(原油) C >500万吨,2.0m³/t(原油) 250~500万吨,2.5m³/t(原油) <250万吨,2.5m³/t(原油)
5	合成洗涤剂工业	氯化法生产烷基苯		200.0m³/t(烷基苯)
		裂解法生产烷基苯		70.0m³/t(烷基苯)
		烷基苯生产合成洗涤剂		10.0m³/t(产品)
6	合成脂肪酸工业			200.0m³/t(产品)
7	湿法生产纤维板工业			30.0m³/t(板)
8	制糖工业	甘蔗制糖		10.0m³/t(甘蔗)
		甜菜制糖		4.0m³/t(甜菜)
9	皮革工业	猪盐湿皮		60.0m³/t(原皮)
		牛干皮		100.0m³/t(原皮)
		羊干皮		150.0m³/t(原皮)
10	发酵、酿造工业	酒精工业	以玉米为原料	100.0m³/t(酒精)
			以薯类为原料	80.0m³/t(酒精)
			以糖蜜为原料	70.0m³/t(酒精)
		味精工业		600.0m³/t(味精)
		啤酒工业(排水量不包括麦芽水部分)		16.0m³/t(啤酒)
11	铬盐工业			5.0m³/t(产品)
12	硫酸工业(水洗法)			15.0m³/t(硫酸)
13	苎麻脱胶工业			500m³/t(原麻)或750m³/t(精干麻)
14	化纤浆粕			本色:150m³/t(浆) 漂白:240m³/t(浆)

序号	行业类别		最高允许排水量或 最低允许水重复利用率
15	粘胶纤维工业(单纯纤维)	短纤维(棉型中长纤维、毛型中长纤维)	300m³/t(纤维)
		长纤维	800m³/t(纤维)
16	铁路货车洗刷		5.0m³/辆
17	电影洗片		5m³/1000m(35mm 的胶片)
18	石油沥青工业		冷却池的水循环利用率95%

表4　　　　　　　　　　　　**第二类污染物最高允许排放浓度**

(1998 年 1 月 1 日后建设的单位)　　　　　　　　　　　　　单位:mg/L

序号	污染物	适用范围	一级标准	二级标准	三级标准
1	pH	一切排污单位	6~9	6~9	6~9
2	色度(稀释倍数)	一切排污单位	50	80	—
3	悬浮物(SS)	采矿、选矿、选煤工业	70	300	—
		脉金选矿	70	400	—
		边远地区砂金选矿	70	800	—
		城镇二级污水处理厂	20	30	—
		其他排污单位	70	150	400
4	五日生化需氧量 (BOD$_5$)	甘蔗制糖、苎麻脱胶、湿法纤维板、染料、洗毛工业	20	60	600
		甜菜制糖、酒精、味精、皮革、化纤浆粕工业	20	100	600
		城镇二级污水处理厂	20	30	—
		其他排污单位	20	30	300
5	化学需氧量 (COD)	甜菜制糖、合成脂肪酸、湿法纤维板、染料、选毛、有机磷农药工业	100	200	1000
		味精、酒精、医药原料药、生物化工、苎麻脱胶、皮革、化纤浆粕工业	100	300	1000
		石油化工工业(包括石油炼制)	60	120	500
		城镇二级污水处理厂	60	120	—
		其他排污单位	100	150	500

续表

序号	污染物	适用范围	一级标准	二级标准	三级标准
6	石油类	一切排污单位	5	10	20
7	动植物油	一切排污单位	10	15	100
8	挥发酚	一切排污单位	0.5	0.5	2.0
9	总氰化合物	一切排污单位	0.5	0.5	1.0
10	硫化物	一切排污单位	1.0	1.0	1.0
11	氨氮	医药原料药、染料、石油化工工业	15	50	—
		其他排污单位	15	25	—
12	氟化物	黄磷工业	10	15	20
		低氟地区（水体含氟量<0.5mg/L）	10	20	30
		其他排污单位	10	10	20
13	磷酸盐（以 P 计）	一切排污单位	0.5	1.0	—
14	甲醛	一切排污单位	1.0	2.0	5.0
15	苯胺类	一切排污单位	1.0	2.0	5.0
16	硝基苯类	一切排污单位	2.0	3.0	5.0
17	阴离子表面活性剂（LAS）	一切排污单位	5.0	10	20
18	总铜	一切排污单位	5.0	10	20
19	总锌	一切排污单位	2.0	5.0	5.0
20	总锰	合成脂肪酸工业	2.0	5.0	5.0
		其他排污单位	2.0	2.0	5.0
21	彩色显影剂	电影洗片	1.0	2.0	3.0
22	显影剂及氧化物总量	电影洗片	3.0	3.0	6.0
23	元素磷	一切排污单位	0.1	0.1	0.3
24	有机磷农药（以 P 计）	一切排污单位	不得检出	0.5	0.5
25	乐果	一切排污单位	不得检出	1.0	2.0
26	对硫磷	一切排污单位	不得检出	1.0	2.0
27	甲基对硫磷	一切排污单位	不得检出	1.0	2.0
28	马拉硫磷	一切排污单位	不得检出	5.0	10

序号	污染物	适用范围	一级标准	二级标准	三级标准
29	五氯酚及五氯酚钠（以五氯酚计）	一切排污单位	5.0	8.0	10
30	可吸附有机卤化物（AOX）（以 CI 计）	一切排污单位	1.0	5.0	8.0
31	三氯甲烷	一切排污单位	0.3	0.6	1.0
32	四氯化碳	一切排污单位	0.03	0.06	0.5
33	三氯乙烯	一切排污单位	0.3	0.6	1.0
34	四氯乙烯	一切排污单位	0.1	0.2	0.5
35	苯	一切排污单位	0.1	0.2	0.5
36	甲苯	一切排污单位	0.1	0.2	0.5
37	乙苯	一切排污单位	0.4	0.6	1.0
38	邻-二甲苯	一切排污单位	0.4	0.6	1.0
39	对-二甲苯	一切排污单位	0.4	0.6	1.0
40	间-二甲苯	一切排污单位	0.4	0.6	1.0
41	氯苯	一切排污单位	0.2	0.4	1.0
42	邻二氯苯	一切排污单位	0.4	0.6	1.0
43	对二氯苯	一切排污单位	0.4	0.6	1.0
44	对硝基氯苯	一切排污单位	0.5	1.0	5.0
45	2,4-二硝基氯苯	一切排污单位	0.5	1.0	5.0
46	苯酚	一切排污单位	0.3	0.4	1.0
47	间-甲酚	一切排污单位	0.1	0.2	0.5
48	2,4-二氯酚	一切排污单位	0.6	0.8	1.0
49	2,4,6-三氯酚	一切排污单位	0.6	0.8	1.0
50	邻苯二甲酸二丁脂	一切排污单位	0.2	0.4	2.0
51	邻苯二甲酸二辛脂	一切排污单位	0.3	0.6	2.0
52	丙烯腈	一切排污单位	2.0	5.0	5.0
53	总硒	一切排污单位	0.1	0.2	0.5
54	粪大肠菌群数	医院*、兽医院及医疗机构含病原体污水	500 个/L	1000 个/L	5000 个/L
		传染病、结核病医院污水	100 个/L	500 个/L	1000 个/L

续表

序号	污染物	适用范围	一级标准	二级标准	三级标准
55	总余氯(采用氯化消毒的医院污水)	医院*、兽医院及医疗机构含病原体污水	<0.5**	>3(接触时间≥1h)	>2(接触时间≥1h)
		传染病、结核病医院污水	<0.5**	>6.5(接触时间≥1.5h)	>5(接触时间≥1.5h)
56	总有机碳(TOC)	合成脂肪酸工业	20	40	—
		苎麻脱胶工业	20	60	—
		其他排污单位	20	30	—

注:其他排污单位:指除在该控制项目中所列行业以外的一切排污单位。

＊指 50 个床位以上的医院。

＊＊加氯消毒后须进行脱氯处理,达到本标准。

表 5　　　　　　　　　　**部分行业最高允许排水量**

(1998 年 1 月 1 日后建设的单位)

序号	行业类别			最高允许排水量或最低允许水重复利用率
1	矿山工业	有色金属系统选矿		水重复利用率75%
		其他矿山工业采矿、选矿、选煤等		水重复利用率90%(选煤)
		脉金选矿	重选	16.0m³/t(矿石)
			浮选	9.0m³/t(矿石)
			氰化	8.0m³/t(矿石)
			碳浆	8.0m³/t(矿石)
2	焦化企业(煤气厂)			1.2m³/t(焦炭)
3	有色金属冶炼及金属加工			水重复利用率80%
4	石油炼制工业(不包括直排水炼油厂)加工深度分类: A. 燃料型炼油厂 B. 燃料+润滑油型炼油厂 C. 燃料+润滑油+炼油化工型炼油厂 (包括加工高含硫原油页岩油和石油添加剂生产基地的炼油厂)	A		>500 万 t,1.0m³/t(原油) 250~500 万 t,1.2m³/t(原油) <250 万 t,1.5m³/t(原油)
		B		>500 万 t,1.5m³/t(原油) 250~500 万 t,2.0m³/t(原油) <250 万 t,2.0m³/t(原油)
		C		>500 万 t,2.0m³/t(原油) 250~500 万 t,2.5m³/t(原油) <250 万 t,2.5m³/t(原油)

续表

序号	行业类别			最高允许排水量或 最低允许水重复利用率
5	合成洗涤剂工业	氯化法生产烷基苯		200.0m³/t(烷基苯)
		裂解法生产烷基苯		70.0m³/t(烷基苯)
		烷基苯生产合成洗涤剂		10.0m³/t(产品)
6	合成脂肪酸工业			200.0m³/t(产品)
7	湿法生产纤维板工业			30.0m³/t(板)
8	制糖工业	甘蔗制糖		10.0m³/t(甘蔗)
		甜菜制糖		4.0m³/t(甜菜)
9	皮革工业	猪盐湿皮		60.0m³/t(原皮)
		牛干皮		100.0m³/t(原皮)
		羊干皮		150.0m³/t(原皮)
10	发酵、酿造工业	酒精工业	以玉米为原料	100.0m³/t(酒精)
			以薯类为原料	80.0m³/t(酒精)
			以糖蜜为原料	70.0m³/t(酒精)
		味精工业		600.0m³/t(味精)
		啤酒工业(排水量不包括麦芽水部分)		16.0m³/t(啤酒)
11	铬盐工业			5.0m³/t(产品)
12	硫酸工业(水洗法)			15.0m³/t(硫酸)
13	苎麻脱胶工业			500m³/t(原麻)
				750m³/t(精干麻)
14	粘胶纤维工业单纯纤维	短纤维(棉型中长纤维、毛型中长纤维)		300.0m³/t(纤维)
		长纤维		800.0m³/t(纤维)
15	化纤浆粕			本色:150m³/t(浆);漂白:240m³/t(浆)
16	制药工业医药原料药	青霉素		4700m³/t(青霉素)
		链霉素		1450m³/t(链霉素)
		土霉素		1300m³/t(土霉素)
		四环素		1900m³/t(四环素)
		洁霉素		9200m³/t(洁霉素)
		金霉素		3000m³/t(金霉素)
		庆大霉素		20400m³/t(庆大霉素)

续表

序号	行业类别		最高允许排水量或最低允许水重复利用率
	制药工业医药原料药	维生素 C	1200m³/t(维生素 C)
		氯霉素	2700m³/t(氯霉素)
		新诺明	2000m³/t(新诺明)
		维生素 B₁	3400m³/t(维生素 B₁)
		安乃近非那西汀	180m³/t(安乃近)
			750m³/t(非那西汀)
		呋喃唑酮咖啡因	2400m³/t(呋喃唑酮)
			1200m³/t(咖啡因)
17	有*机磷农药工业	乐果**	700m³/t(产品)
		甲基对硫磷(水相法)**	300m³/t(产品)
		对硫磷(P₂S₅法)**	500m³/t(产品)
		对硫磷(PSCl₃法)**	550m³/t(产品)
		敌敌畏(敌百虫碱解法)	200m³/t(产品)
		敌百虫	40m³/t(产品)(不包括三氯乙醛生产废水)
		马拉硫磷	700m³/t(产品)
18	除*草剂工业	除草醚	5m³/t(产品)
		五氯酚钠	2m³/t(产品)
		五氯酚	4m³/t(产品)
		2甲4氯	14m³/t(产品)
		2,4-D	4m³/t(产品)
		丁草胺	4.5m³/t(产品)
		绿麦隆(以 Fe 粉还原)	2m³/t(产品)
		绿麦隆(以 Na₂S 还原)	3m³/t(产品)
19	火力发电工业		3.5m³/(MW·h)
20	铁路货车洗刷		5.0m³/辆
21	电影洗片		5m³/1000m(35mm 的胶片)
22	石油沥青工业		冷却池的水循环利用率 95%

注:＊产品按 100% 浓度计。

＊＊不包括 P₂S₅、PSCl₃、PCl₃ 原料生产废水。

5 监测

5.1 采样点

采样点应按 4.2.1.1 及 4.2.1.2 第一、二类污染物排放口的规定设置,在排放口必须设置排放口标志、污水水量计量装置和污水比例采样装置。

5.2 采样频率

工业污水按生产周期确定监测频率。生产周期在 8h 以内的,每 2h 采样一次;生产周期大于 8h 的,每 4h 采样一次;其他污水采样,24h 不少于 2 次。最高允许排放浓度按日均值计算。

5.3 排水量

以最高允许排水量或最低允许水重复利用率来控制,均以月均值计。

5.4 统计

企业的原材料使用量、产品产量等,以法定月报表或年报表为准。

5.5 测定方法

本标准采用的测定方法见表 6。

表 6　　　　　　　　　　测 定 方 法

序号	项　目	测定方法	方法来源
1	总汞	冷原子吸收光度法	GB 7468—87
2	烷基汞	气相色谱法	GB/T 14204—93
3	总镉	原子吸收分光光度法	GB 7475—87
4	总铬	高锰酸钾氧化-二苯碳酰二肼分光光度法	GB 7466—87
5	六价铬	二苯碳酰二肼分光光度法	GB 7467—87
6	总砷	二乙基二硫代氨基甲酸银分光光度法	GB 7485—87
7	总铅	原子吸收分光光度法	GB 7485—87
8	总镍	火焰原子吸收分光光度法	GB 11912—89
		丁二酮肟分光光度法	GB 19910—89
9	苯并(a)芘	纸层析-荧光分光光度法	GB 5750—85
		乙酰化滤纸层析荧光分光光度法	GB 11895—89
10	总铍	活性炭吸附-铬天菁 S 光度法	1)
11	总银	火焰原子吸收分光光度法	GB 11907—89
12	总α	物理法	2)
13	总β	物理法	2)
14	pH 值	玻璃电极法	GB 6920—86
15	色度	稀释倍数法	GB 11903—89

序号	项 目	测定方法	方法来源
16	悬浮物	重量法	GB 11901—89
17	生化需氧量（BOD$_5$）	稀释与接种法	GB 7488—87
		重铬酸钾紫外光度法	待颁布
18	化学需氧量（COD）	重铬酸钾法	GB 11914—89
19	石油类	红外光度法	GB/T 16488—1996
20	动植物油	红外光度法	GB/T 16488—1996
21	挥发酚	蒸馏后用 4-氨基安替比林分光光度法	GB 7490—87
22	总氰化物	硝酸银滴定法	GB 7486—87
23	硫化物	亚甲基蓝分光光度法	GB/T 16489—1996
24	氨氮	蒸馏和滴定法	GB 7478—87
25	氟化物	离子选择电极法	GB 7484—87
26	磷酸盐	钼蓝比色法	1)
27	甲醛	乙酰丙酮分光光度法	GB 13197—91
28	苯胺类	N-(1-萘基)乙二胺偶氮分光光度法	GB 11889—89
29	硝基苯类	还原-偶氮比色法或分光光度法	1)
30	阴离子表面活性剂	亚甲蓝分光光度法	GB 7494—87
31	总铜	原子吸收分光光度法	GB 7475—87
		二乙基二硫化氨基甲酸钠分光光度法	GB 7474—87
32	总锌	原子吸收分光光度法	GB 7475—87
		双硫腙分光光度法	GB 7472—87
33	总锰	火焰原子吸收分光光度法	GB 11911—89
		高碘酸钾分光光度法	GB 11906—89
34	彩色显影剂	169 成色剂法	3)
35	显影剂及氧化物总量	碘-淀粉比色法	3)
36	元素磷	磷钼蓝比色法	3)
37	有机磷农药（以 P 计）	有机磷农药的测定	GB 13192—91
38	乐果	气相色谱法	GB 13192—91
39	对硫磷	气相色谱法	GB 13192—91
40	甲基对硫磷	气相色谱法	GB 13192—91
41	马拉硫磷	气相色谱法	GB 13192—91

续表

序号	项　目	测定方法	方法来源
42	五氯酚及五氯酚钠（以五氯酚计）	气相色谱法	GB 8972—88
		藏红 T 分光光度法	GB 9803—88
43	可吸附有机卤化物（AOX）（以 CI 计）	微库仑法	GB/T 15959—95
44	三氯甲烷	气相色谱法	待颁布
45	四氯化碳	气相色谱法	待颁布
46	三氯乙烯	气相色谱法	待颁布
47	四氯乙烯	气相色谱法	待颁布
48	苯	气相色谱法	GB 11890—89
49	甲苯	气相色谱法	GB 11890—89
50	乙苯	气相色谱法	GB 11890—89
51	邻-二甲苯	气相色谱法	GB 11890—89
52	对-二甲苯	气相色谱法	GB 11890—89
53	间-二甲苯	气相色谱法	GB 11890—89
54	氯苯	气相色谱法	待颁布
55	邻二氯苯	气相色谱法	待颁布
56	对二氯苯	气相色谱法	待颁布
57	对硝基氯苯	气相色谱法	GB 13194—91
58	2,4-二硝基氯苯	气相色谱法	GB 13194—91
59	苯酚	气相色谱法	待颁布
60	间-甲酚	气相色谱法	待颁布
61	2,4-二氯酚	气相色谱法	待颁布
62	2,4,6-三氯酚	气相色谱法	待颁布
63	邻苯二甲酸二丁酯	气相、液相色谱法	待颁布
64	邻苯二甲酸二辛酯	气相、液相色谱法	待颁布
65	丙烯腈	气相色谱法	待颁布
66	总硒	2,3-二氨基萘荧光法	GB 11902—89

序号	项　目	测定方法	方法来源
67	粪大肠菌群数	多管发酵法	1)
68	余氯量	N,N-二乙基-1,4-苯二胺分光光度法	GB 11898—89
		N,N-二乙基-1,4-苯二胺滴定法	GB 11898—89
69	总有机碳(TOC)	非色散红外吸收法	待制定
		直接紫外荧光法	待制定

注:暂采用下列方法,待国家方法标准发布后,执行国家标准。

1)《水和废水监测分析方法(第三版)》,中国环境科学出版社,1989 年。

2)《环境监测技术规范(放射性部分)》,国家环境保护局。

3)详见附录 D。

6　标准实施监督

6.1　本标准由县级以上人民政府环境保护行政主管部门负责监督实施。

6.2　省、自治区、直辖市人民政府对执行国家水污染物排放标准不能保证达到水环境功能要求时,可以制定严于国家水污染物排放标准的地方水污染物排放标准,并报国家环境保护行政主管部门备案。

附录11　生活饮用水卫生标准（GB 5749—2006）

Standards for Drinking Water Quality

前　言

本标准全文强制。

本标准自实施之日起代替 GB 5749—85《生活饮用水卫生标准》。

本标准与 GB 5749—85 相比主要变化如下：

——水质指标由 GB 5749—85 的 35 项增加至 106 项，增加了 71 项；修订了 8 项；其中：

a) 微生物指标由 2 项增至 6 项，增加了大肠埃希氏菌、耐热大肠菌群、贾第鞭毛虫和隐孢子虫；修订了总大肠菌群；

b) 饮用水消毒剂由 1 项增至 4 项，增加了一氯胺、臭氧、二氧化氯；

——毒理指标中无机化合物由 10 项增至 21 项，增加了溴酸盐、亚氯酸盐、氯酸盐、锑、钡、铍、硼、钼、镍、铊、氯化氰；并修订了砷、镉、铅、硝酸盐；

c) 毒理指标中有机化合物由 5 项增至 53 项，增加了甲醛、三卤甲烷、二氯甲烷、1，2-二氯乙烷、1，1，1-三氯乙烷、三溴甲烷、一氯二溴甲烷、二氯一溴甲烷、环氧氯丙烷、氯乙烯、1，1-二氯乙烯、1，2-二氯乙烯、三氯乙烯、四氯乙烯、六氯丁二烯、二氯乙酸、三氯乙酸、三氯乙醛、苯、甲苯、二甲苯、乙苯、苯乙烯、2，4，6-三氯酚、氯苯、1，2-二氯苯、1，4-二氯苯、三氯苯、邻苯二甲酸二(2-乙基己基)酯、丙烯酰胺、微囊藻毒素-LR、灭草松、百菌清、溴氰菊酯、乐果、2，4-滴、七氯、六氯苯、林丹、马拉硫磷、对硫磷、甲基对硫磷、五氯酚、莠去津、呋喃丹、毒死蜱、敌敌畏、草甘膦；修订了四氯化碳；

d) 感官性状和一般理化指标由 15 项增至 20 项，增加了耗氧量、氨氮、硫化物、钠、铝；修订了浑浊度；

e) 放射性指标中修订了总 α 放射性。

——删除了水源选择和水源卫生防护两部分内容。

——简化了供水部门的水质检测规定，部分内容列入《生活饮用水集中式供水单位卫生规范》。

——增加了附录 A。

——增加了参考文献。

本标准的附录 A 为资料性附录。

为准备水质净化和水质检验条件，贾第鞭毛虫、隐孢子虫、三卤甲烷、微囊藻毒素-LR 等 4 项指标延至 2008 年 7 月 1 日起执行。

本标准由中华人民共和国卫生部提出并归口

本标准负责起草单位：中国疾病预防控制中心环境与健康相关产品安全所

本标准参加起草单位：广东省卫生监督所、浙江省卫生监督所、江苏省疾病预防控制中心、北京市疾病预防控制中心、上海市疾病预防控制中心、中国城镇供水排水协会、中国水利水电科学研究院、国家环境保护总局环境标准研究所。

本标准主要起草人：金银龙、鄂学礼、陈昌杰、陈西平、张岚、陈亚妍、蔡祖根、甘日华、申屠杭、郭常义、魏建荣、宁瑞珠、刘文朝、胡林林。

本标准参加起草人：蔡诗文、林少彬、刘凡、姚孝元、陆坤明、陈国光、周怀东、李延平。

本标准于 1985 年 8 月首次发布，本次为第一次修订。

1　范围

本标准规定了生活饮用水水质卫生要求、生活饮用水水源水质卫生要求、集中式供水单位卫生要求、二次供水卫生要求、涉及生活饮用水卫生安全产品卫生要求、水质监测和水质检验方法。

本标准适用于城乡各类集中式供水的生活饮用水，也适用于分散式供水的生活饮用水。

2　规范性引用文件

下列文件中的条款通过本标准的引用而成为本标准的条款。凡是标注日期的引用文件，其随后所有的修改（不包括勘误内容）或修订版均不适用于本标准，然而，鼓励根据本标准达成协议的各方研究是否可使用这些文件的最新版本。凡是不注明日期的引用文件，其最新版本适用于本标准。

GB 3838 地表水环境质量标准

GB/T 5750 生活饮用水标准检验方法

GB/T 14848 地下水质量标准

GB 17051 二次供水设施卫生规范

GB/T 17218 饮用水化学处理剂卫生安全性评价

GB/T 17219 生活饮用水输配水设备及防护材料的安全性评价标准

CJ/T 206 城市供水水质标准

SL 308　村镇供水单位资质标准

卫生部　生活饮用水集中式供水单位卫生规范

3　术语和定义

下列术语和定义适用于本标准

3.1　生活饮用水　drinking water
供人生活的饮水和生活用水。

3.2　供水方式　type of water supply

3.2.1　集中式供水　central water supply
自水源集中取水，通过输配水管网送到用户或者公共取水点的供水方式，包括自建设施供水。为用户提供日常饮用水的供水站和为公共场所、居民社区提供的分质供水也属于集中式供水。

3.2.2 二次供水 secondary water supply

集中式供水在入户之前经再度储存、加压和消毒或深度处理，通过管道或容器输送给用户的供水方式。

3.2.3 农村小型集中式供水 small central water supply for rural areas

日供水在 1000m³ 以下（或供水人口在 1 万人以下）的农村集中式供水。

3.2.4 分散式供水 non-central water supply

用户直接从水源取水，未经任何设施或仅有简易设施的供水方式。

3.3 常规指标 regular indices

能反映生活饮用水水质基本状况的水质指标。

3.4 非常规指标 non-regular indices

根据地区、时间或特殊情况需要的生活饮用水水质指标。

4 生活饮用水水质卫生要求

4.1 生活饮用水水质应符合下列基本要求，保证用户饮用安全。

4.1.1 生活饮用水中不得含有病原微生物。

4.1.2 生活饮用水中化学物质不得危害人体健康。

4.1.3 生活饮用水中放射性物质不得危害人体健康。

4.1.4 生活饮用水的感官性状良好。

4.1.5 生活饮用水应经消毒处理。

4.1.6 生活饮用水水质应符合表1和表3卫生要求。集中式供水出厂水中消毒剂限值、出厂水和管网末梢水中消毒剂余量均应符合表2要求。

4.1.7 农村小型集中式供水和分散式供水的水质因条件限制，部分指标可暂按照表4执行，其余指标仍按表1、表2和表3执行。

4.1.8 当发生影响水质的突发性公共事件时，经市级以上人民政府批准，感官性状和一般化学指标可适当放宽。

4.1.9 当饮用水中含有附录A表A.1所列指标时，可参考此表限值评价。

表1 水质常规指标及限值

指　标	限　值
1. 微生物指标[a]	
总大肠菌群(MPN/100mL 或 CFU/100mL)	不得检出
耐热大肠菌群(MPN/100mL 或 CFU/100mL)	不得检出
大肠埃希氏菌(MPN/100mL 或 CFU/100mL)	不得检出
菌落总数(CFU/mL)	100

续表

指　　标	限　　值
2. 毒理指标	
砷(mg/L)	0.01
镉(mg/L)	0.005
铬(六价, mg/L)	0.05
铅(mg/L)	0.01
汞(mg/L)	0.001
硒(mg/L)	0.01
氰化物(mg/L)	0.05
氟化物(mg/L)	1.0
硝酸盐(以 N 计, mg/L)	10　地下水源限制时为 20
三氯甲烷(mg/L)	0.06
四氯化碳(mg/L)	0.002
溴酸盐(使用臭氧时, mg/L)	0.01
甲醛(使用臭氧时, mg/L)	0.9
亚氯酸盐(使用二氧化氯消毒时, mg/L)	0.7
氯酸盐(使用复合二氧化氯消毒时, mg/L)	0.7
3. 感官性状和一般化学指标	
色度(铂钴色度单位)	15
浑浊度(NTU-散射浊度单位)	1　水源与净水技术条件限制时为 3
臭和味	无异臭、异味
肉眼可见物	无
pH(pH 单位)	不小于 6.5 且不大于 8.5
铝(mg/L)	0.2
铁(mg/L)	0.3
锰(mg/L)	0.1
铜(mg/L)	1.0
锌(mg/L)	1.0
氯化物(mg/L)	250
硫酸盐(mg/L)	250
溶解性总固体(mg/L)	1000
总硬度(以 $CaCO_3$ 计, mg/L)	450

续表

指 标	限 值
耗氧量(CODMn法，以 O_2 计，mg/L)	3 水源限制，原水耗氧量>6mg/L 时为 5
挥发酚类(以苯酚计，mg/L)	0.002
阴离子合成洗涤剂(mg/L)	0.3
4. 放射性指标[b]	指导值
总 α 放射性(Bq/L)	0.5
总 β 放射性(Bq/L)	1

[a]MPN 表示最可能数；CFU 表示菌落形成单位。当水样检出总大肠菌群时，应进一步检验大肠埃希氏菌或耐热大肠菌群；水样未检出总大肠菌群，不必检验大肠埃希氏菌或耐热大肠菌群。

[b]放射性指标超过指导值，应进行核素分析和评价，判定能否饮用。

表2　　　　　　　　饮用水中消毒剂常规指标及要求

消毒剂名称	与水接触时间	出厂水中限值	出厂水中余量	管网末梢水中余量
氯气及游离氯制剂(游离氯，mg/L)	至少 30min	4	≥0.3	≥0.05
一氯胺(总氯，mg/L)	至少 120min	3	≥0.5	≥0.05
臭氧(O_3，mg/L)	至少 12min	0.3		0.02 如加氯，总氯≥0.05
二氧化氯(ClO_2，mg/L)	至少 30min	0.8	≥0.1	≥0.02

表3　　　　　　　　水质非常规指标及限值

指 标	限 值
1. 微生物指标	
贾第鞭毛虫(个/10L)	<1
隐孢子虫(个/10L)	<1
2. 毒理指标	
锑(mg/L)	0.005
钡(mg/L)	0.7
铍(mg/L)	0.002
硼(mg/L)	0.5
钼(mg/L)	0.07

指　标	限　值
镍(mg/L)	0.02
银(mg/L)	0.05
铊(mg/L)	0.0001
氯化氰(以 CN-计，mg/L)	0.07
一氯二溴甲烷(mg/L)	0.1
二氯一溴甲烷(mg/L)	0.06
二氯乙酸(mg/L)	0.05
1，2-二氯乙烷(mg/L)	0.03
二氯甲烷(mg/L)	0.02
三卤甲烷(三氯甲烷、一氯二溴甲烷、二氯一溴甲烷、三溴甲烷的总和)	该类化合物中各种化合物的实测浓度与其各自限值的比值之和不超过 1
1，1，1-三氯乙烷(mg/L)	2
三氯乙酸(mg/L)	0.1
三氯乙醛(mg/L)	0.01
2，4，6-三氯酚(mg/L)	0.2
三溴甲烷(mg/L)	0.1
七氯(mg/L)	0.0004
马拉硫磷(mg/L)	0.25
五氯酚(mg/L)	0.009
六六六(总量，mg/L)	0.005
六氯苯(mg/L)	0.001
乐果(mg/L)	0.08
对硫磷(mg/L)	0.003
灭草松(mg/L)	0.3
甲基对硫磷(mg/L)	0.02
百菌清(mg/L)	0.01
呋喃丹(mg/L)	0.007
林丹(mg/L)	0.002
毒死蜱(mg/L)	0.03
草甘膦(mg/L)	0.7
敌敌畏(mg/L)	0.001

续表

指 标	限 值
莠去津(mg/L)	0.002
溴氰菊酯(mg/L)	0.02
2,4-滴(mg/L)	0.03
滴滴涕(mg/L)	0.001
乙苯(mg/L)	0.3
二甲苯(mg/L)	0.5
1,1-二氯乙烯(mg/L)	0.03
1,2-二氯乙烯(mg/L)	0.05
1,2-二氯苯(mg/L)	1
1,4-二氯苯(mg/L)	0.3
三氯乙烯(mg/L)	0.07
三氯苯(总量, mg/L)	0.02
六氯丁二烯(mg/L)	0.0006
丙烯酰胺(mg/L)	0.0005
四氯乙烯(mg/L)	0.04
甲苯(mg/L)	0.7
邻苯二甲酸二(2-乙基己基)酯(mg/L)	0.008
环氧氯丙烷(mg/L)	0.0004
苯(mg/L)	0.01
苯乙烯(mg/L)	0.02
苯并(a)芘(mg/L)	0.00001
氯乙烯(mg/L)	0.005
氯苯(mg/L)	0.3
微囊藻毒素-LR(mg/L)	0.001
3. 感官性状和一般化学指标	
氨氮(以 N 计, mg/L)	0.5
硫化物(mg/L)	0.02
钠(mg/L)	200

表4 农村小型集中式供水和分散式供水部分水质指标及限值

指 标	限 值
1. 微生物指标	
菌落总数(CFU/mL)	500
2. 毒理指标	
砷(mg/L)	0.05
氟化物(mg/L)	1.2
硝酸盐(以 N 计, mg/L)	20
3. 感官性状和一般化学指标	
色度(铂钴色度单位)	20
浑浊度(NTU-散射浊度单位)	3 水源与净水技术条件限制时为 5
pH(pH 单位)	不小于 6.5 且不大于 9.5
溶解性总固体(mg/L)	1500
总硬度(以 $CaCO_3$ 计, mg/L)	550
耗氧量(CODMn 法, 以 O_2 计, mg/L)	5
铁(mg/L)	0.5
锰(mg/L)	0.3
氯化物(mg/L)	300
硫酸盐(mg/L)	300

5 生活饮用水水源水质卫生要求

5.1 采用地表水为生活饮用水水源时应符合 GB 3838 要求。

5.2 采用地下水为生活饮用水水源时应符合 GB/T 14848 要求。

6 集中式供水单位卫生要求

集中式供水单位的卫生要求应按照卫生部《生活饮用水集中式供水单位卫生规范》执行。

7 二次供水卫生要求

二次供水的设施和处理要求应按照 GB 17051 执行。

8 涉及生活饮用水卫生安全产品卫生要求

8.1 处理生活饮用水采用的絮凝、助凝、消毒、氧化、吸附、pH 调节、防锈、阻垢等化学处理剂不应污染生活饮用水,应符合 GB/T 17218 要求。

8.2　生活饮用水的输配水设备、防护材料和水处理材料不应污染生活饮用水，应符合 GB/T 17219 要求。

9　水质监测

9.1　供水单位的水质检测
供水单位的水质检测应符合以下要求。

9.1.1　供水单位的水质非常规指标选择由当地县级以上供水行政主管部门和卫生行政部门协商确定。

9.1.2　城市集中式供水单位水质检测的采样点选择、检验项目和频率、合格率计算按照 CJ/T 206 执行。

9.1.3　村镇集中式供水单位水质检测的采样点选择、检验项目和频率、合格率计算按照 SL 308 执行。

9.1.4　供水单位水质检测结果应定期报送当地卫生行政部门，报送水质检测结果的内容和办法由当地供水行政主管部门和卫生行政部门商定。

9.1.5　当饮用水水质发生异常时应及时报告当地供水行政主管部门和卫生行政部门。

9.2　卫生监督的水质监测
卫生监督的水质监测应符合以下要求。

9.2.1　各级卫生行政部门应根据实际需要定期对各类供水单位的供水水质进行卫生监督、监测。

9.2.2　当发生影响水质的突发性公共事件时，由县级以上卫生行政部门根据需要确定饮用水监督、监测方案。

9.2.3　卫生监督的水质监测范围、项目、频率由当地市级以上卫生行政部门确定。

10　水质检验方法

生活饮用水水质检验应按照 GB/T 5750 执行。

附录 A

（资料性附录）

表 A.1　　　　　　　　　　**生活饮用水水质参考指标及限值**

指　标	限　值
肠球菌（CFU/100mL）	0
产气荚膜梭状芽孢杆菌（CFU/100mL）	0
二（2-乙基己基）己二酸酯（mg/L）	0.4
二溴乙烯（mg/L）	0.00005
二噁英（2，3，7，8-TCDD，mg/L）	0.00000003
土臭素（二甲基萘烷醇，mg/L）	0.00001
五氯丙烷（mg/L）	0.03

续表

指　标	限　值
双酚 A(mg/L)	0.01
丙烯腈(mg/L)	0.1
丙烯酸(mg/L)	0.5
丙烯醛(mg/L)	0.1
四乙基铅(mg/L)	0.0001
戊二醛(mg/L)	0.07
甲基异莰醇-2(mg/L)	0.00001
石油类(总量, mg/L)	0.3
石棉(>10mm, 万/L)	700
亚硝酸盐(mg/L)	1
多环芳烃(总量, mg/L)	0.002
多氯联苯(总量, mg/L)	0.0005
邻苯二甲酸二乙酯(mg/L)	0.3
邻苯二甲酸二丁酯(mg/L)	0.003
环烷酸(mg/L)	1.0
苯甲醚(mg/L)	0.05
总有机碳(TOC, mg/L)	5
萘酚-b(mg/L)	0.4
黄原酸丁酯(mg/L)	0.001
氯化乙基汞(mg/L)	0.0001
硝基苯(mg/L)	0.017
镭 226 和镭 228(pCi/L)	5
氡(pCi/L)	300

参 考 文 献

[1] World Health Organization. Guidelines for Drinking-water Quality, third edition. Vol. 1, 2004, Geneva.

[2] EU's Drinking Water Standards. Council Directive 98/83/EC on the quality of water intended for human consumption. Adopted by the Council, on 3 November 1998.

[3] US EPA. Drinking Water Standards and Health Advisories, Winter 2004.

[4] 俄罗斯国家饮用水卫生标准, 2002 年 1 月实施.

[5] 日本饮用水水质基准(水道法に基づく水质基准に关する省令), 2004 年 4 月起实施.

附录 12 溶解氧与水温的关系

表 A   在标准大气压下水中溶解氧与温度、盐度的关系(溶解氧 mg/L)

温度(℃)	盐 度								
	0	5	10	15	20	25	30	35	40
20	9.1	8.8	8.7	8.3	8.1	7.9	7.7	7.4	7.2
22	8.7	8.5	8.2	8	7.8	7.6	7.3	7.1	6.9
24	8.4	8.1	7.9	7.7	7.5	7.3	7.1	6.9	6.7
26	8.1	7.8	7.6	7.4	7.2	7	6.8	6.6	6.4
28	7.8	7.6	7.4	7.2	7	6.8	6.6	6.4	6.2
30	7.5	7.3	7.1	6.9	6.7	6.5	6.3	6.2	6
32	7.3	7.1	6.8	6.7	6.5	6.3	6.1	6	5.8
34	7.0	6.8	6.6	6.4	6.3	6.1	5.9	5.8	5.6
36	6.8	6.6	6.4	6.2	6.1	5.8	5.7	5.6	5.4
38	6.5	6.3	6.2	6	5.8	5.7	5.5	5.4	5.2
40	6.3	6.2	5.9	5.8	5.6	5.7	5.3	5.2	5

表 B-1   水温与一般情况下溶氧量关系

(注:一般情况下不饱和溶氧量)

水温(摄氏度)	0	4	10	15	20	25	30
溶氧量(mg/L)	10.2	9.0	7.8	7.0	6.8	5.4	5.2

表 B-2   水深、水温与溶氧量关系

水深(m)水面		1	3	5	7	9	11	13	15	17	19	21
水温(℃)	23	22	21	20	15	10	6	5	5	4	4	4
氧气(mg/100mL)	12	12	11	11	6	4	3	3	3	2	2	2

表 C　　　　　水中饱和溶解氧浓度与其对应的温度

温度		浓度(ppm或 mg/L)	温度		浓度(ppm或 mg/L)
°F	℃		°F	℃	
32	0.0	14.6	74	23.3	8.5
34	1.1	14.1	75	24.4	8.3
36	2.2	13.7	78	25.6	8.2
38	3.3	13.3	80	26.7	8.0
40	4.4	12.9	82	27.8	7.8
42	5.6	12.6	84	28.9	7.7
44	6.7	12.2	86	30.0	7.5
46	7.8	11.9	88	31.1	7.4
48	8.9	11.6	90	32.2	7.3
50	10.0	11.3	92	33.3	7.1
52	11.1	11.0	94	34.4	7.0
54	12.2	10.7	96	35.6	6.9
56	13.3	10.4	98	36.7	6.8
58	14.3	10.2	100	37.8	6.6
60	15.6	9.9	102	38.9	6.5
62	16.7	9.7	104	40.0	6.4
64	17.8	9.5	106	41.1	6.3
66	18.9	9.3	108	42.2	6.2
68	20.0	9.1	110	43.3	6.1
70	21.1	8.9	112	44.4	6.0
72	22.2	8.7	114	45.6	5.9

表 D　　大气压力校正系数

大气压力		校正系数
英寸汞柱	毫米汞柱	
20.00	508.0	0.67
20.50	520.7	0.69
21.00	533.4	0.70
21.50	546.1	0.72
22.00	558.8	0.74
22.50	571.5	0.75
23.00	584.2	0.77
23.50	596.9	0.79
24.00	609.6	0.80
24.50	622.3	0.82
25.00	635.0	0.84
25.50	647.7	0.85
26.00	660.4	0.87
26.50	673.1	0.89
27.00	685.5	0.90
27.50	689.5	0.92
28.00	711.2	0.94
28.50	723.9	0.95
29.00	736.6	0.97
29.50	749.3	0.99
30.00	762.0	1.00
30.50	774.7	1.02

附录 13　相关水质或行业废水排放标准名录

GB 5084—2005 农田灌溉水质标准

GB 16889—2008 垃圾渗滤液排放标准

GB 21900—2008 电镀污染物排放标准

GB 585.3—2007 危险废物浸出标准

GB 19821—2005 啤酒废水排放标准

GB 18466—2005 医疗机构水污染物排放标准

DB 41/538—2008 合成氨工业水污染物排放标准

GB 21909—2008 制糖工业水污染物排放标准

GB 21907—2008 生物工程类制药工业水污染物排放标准

GB 21906—2008 中药类制药工业水污染物排放标准

GB 21905—2008 提取类制药工业水污染物排放标准

GB 21904—2008 化学合成类制药工业水污染物排放标准

GB 21903—2008 发酵类制药工业水污染物排放标准

GB 21901—2008 羽绒工业水污染物排放标准

GB 3544—2008 造纸工业水污染物排放标准

GB 21908—2008 混装制剂类制药工业水污染物排放标准

DB 37/336—2003 造纸工业水污染物排放标准

DB 32/939—2006 化学工业主要水污染物排放标准

GB 21523—2008 杂环类农药工业水污染物排放标准

GB 3544—2001 造纸工业水污染物排放标准

GB 20425—2006 皂素工业水污染物排放标准

GB 14470.1—2002 兵器工业水污染物排放标准　火炸药

GB 14470.2—2002 兵器工业水污染物排放标准　火工药剂

GB 14470.3—2002 兵器工业水污染物排放标准　弹药装药

GB 13458—2001 合成氨工业水污染物排放标准

GB 4287—2008 纺织染整工业水污染物排放标准

GB 15581—1995 烧碱、聚氯乙烯工业水污染物排放标准

GB 15580—1995 磷肥工业水污染物排放标准

GB 14374—1993 航天推进剂水污染物排放标准

NY 687—2003 天然橡胶加工废水污染物排放标准

GWPB 4—1999 合成氨工业水污染物排放标准

GB 18466—2005 医疗机构水污染物排放标准

GB 13457—1992 肉类加工工业水污染物排放标准

GB 13456—1992 钢铁工业水污染物排放标准

附录 14　纯 水 制 备

化验室的分析工作需要的水是有一定的要求的，我们化验室用的水是 DI 水，即纯水。

天然的水中含有很多的杂质，一般来说，水中离子性杂质多少的程度是：盐碱地水>井水>自来水>河水>塘水>雨水。

有机污染程度是：塘水>河水>井水>泉水>自来水。

水中的杂质含量越少，比电阻值越高。比电阻值高的水源产纯水量较大。如比电阻为 $1000\Omega\cdot cm$ 的水源可产纯水 250L，而比电阻值为 $1800\Omega\cdot cm$ 的水源可产纯水 400L，所以制备纯水时，水源的选择十分重要。

纯水的制备通常用蒸馏的方法和离子交换方法来获得。

纯水对 OSP 线的影响很大，所以 OSP 线对纯水的要求很高。

（1）纯水的 pH 值偏高，使膜厚偏高；

（2）纯水的 pH 值偏低，使膜厚偏低；

（3）OSP 线纯水的管控范围：

（4）进水 pH 值范围为 6.0~8.0；

（5）前后槽的纯水范围为 5.5~8.5。

1. 蒸馏水

制备：

将自然界的水经过蒸馏器蒸馏冷凝，就可以得到蒸馏水；

最简单的制备蒸馏水的方法。

2. 去离子水

利用离子交换树脂，将水中所含的杂质（阴阳离子）除去后所得的纯水。

自然界的许多阴阳离子，如氯离子 Cl^-、硫酸根离子 SO_4^{2-}、碳酸根离子 CO_3^{2-}、钙离子 Ca^{2+}、镁离子 Mg^{2+}、亚铁离子 Fe^{2+}、铅离子 Pb^{2+}、它们可以形成盐而溶解在水中。

以上杂质离子遇到离子交换树脂时，能被离子交换树脂吸附，并和树脂上的 H^+ 或者 OH^- 交换，于是就变成了纯净水了。去离子水后，水的电阻增大，我们常用其电阻值来衡量去离子水的质量。

（1）离子交换树脂。

①离子交换树脂是一种高分子化合物，有高度的化学稳定性和机械稳定性，几乎不溶于一切有机、无机溶液中。

②离子交换树脂可以分为阳离子交换树脂和阴离子交换树脂。

③离子交换树脂对于水中各种离子的交换能力与离子的化合价及水合离子的半径有关，阴离子还和它们相应酸的酸度有关。

阳离子交换树脂对水中常见金属阳离子的交换顺序为

$$Fe^{3+}>Al^{3+}>Ca^{2+}>Mg^{2+}>K^+>Na^+>Li^+$$

阴离子交换的顺序：

$$PO_4^{3-}>SO_4^{2-}>NO_3^->Cl^->HCO_3^{2-}>HSiO_3^{3-}$$

离子交换树脂对离子的交换能力，我们用全交换容量（总交换量）和工作交换量（动态工作状态下的交换容量）来表示。

（2）常用的离子交换树脂有。

717 强碱型交换树脂，全交换容量>3mmol/g，工作交换容量为 0.3~0.35mmol/g。

附录 15　实验报告要求

实验报告应该写明班级、姓名、同组同学姓名。

实验报告应包括以下内容：

（1）实验的目的；

（2）实验的原理；

（3）实验确定的可变因素的数值及确定方法；

（4）实验的步骤；

（5）实验结果的测定方法；

（6）实验数据及处理（结果分析、误差分析）；

（7）实验体会。

参 考 文 献

［1］ 黄铭荣，胡纪萃．水污染治理工程［M］．北京：高等教育出版社，2002．

［2］ 唐受印，戴友芝．水处理工程师手册［M］．北京：化学工业出版社，2003．

［3］ 陈泽堂．水污染控制工程实验［M］．北京：化学工业出版社，2003．

［4］ 章非娟．水污染控制工程实验［M］．北京：高等教育出版社，2003．

［5］ 高延耀．水污染控制工程（下）［M］．北京：高等教育出版社，2007．

［6］ 张自杰，等编著．排水工程［M］．4版．北京：中国建筑工业出版社，2000．

［7］ 顾夏声，等．水处理工程［M］．1版．北京：清华大学出版社，1985．

［8］ 严煦世、范瑾初编著．给水工程．4版．北京：中国建筑工业出版社，1999．

［9］ George Tchobanoglous, Franklin L Burton and H David Stensel. Wastewater Engineering, treatment disposal and reuse ［M］. Fourth edition, Metcalf & Eddy, Inc., （清华大学出版社影印，2002 年 8 月）．

［10］ Ronald L. Droste：Theory and Practice of Water and Wastewater Treatment, John Wiley & Sons, Inc., 1997.

［11］ 张自杰，等．水污染防治卷［M］．见：环境工程手册．北京：高等教育出版社，1996．